主办　中国建设监理协会

中国建设监理与咨询

中国建筑工业出版社

图书在版编目（CIP）数据

中国建设监理与咨询.06 / 中国建设监理协会主办. —北京：中国建筑工业出版社，2015.10
ISBN 978-7-112-18599-3

Ⅰ.①中… Ⅱ.①中… Ⅲ.①建筑工程—施工监理—研究—中国 Ⅳ.①TU712

中国版本图书馆CIP数据核字（2015）第250516号

责任编辑：费海玲　张幼平
责任校对：张　颖　刘　钰

中国建设监理与咨询 06

主办　中国建设监理协会

*

中国建筑工业出版社出版、发行（北京西郊百万庄）
各地新华书店、建筑书店经销
北京嘉泰利德公司制版
北京缤索印刷有限公司印刷

*

开本：880×1230毫米　1/16　印张：$7^1/_4$　字数：225千字
2015年10月第一版　2015年10月第一次印刷
定价：35.00元
ISBN 978-7-112-18599-3
（27854）

编辑部

地址：北京海淀区西四环北路 158 号

慧科大厦东区 10B

邮编：100142

电话：（010）68346832

传真：（010）68346832

E-mail：zgjsjlxh@163.com

中国建设监理与咨询

目录 CONTENTS

行业动态

政策法规

本期焦点：新常态下建设监理企业面临的机遇与挑战

领导讲话

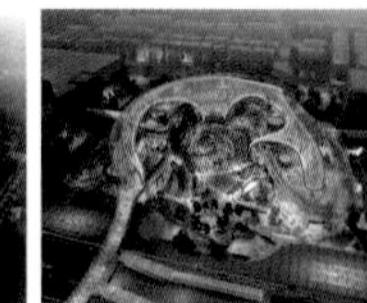

监理论坛

项目管理与咨询

创新与研究

人物专访

企业文化

中国建设监理协会机械分会三届四次理事会在沈阳召开

2015 年 7 月 24 日，中国建设监理协会机械分会三届四次理事会在沈阳召开。中国建设监理协会机械分会名誉会长关建勋应邀出席会议并讲话。分会 10 家理事单位近 20 人参加会议。

会上，中国建设监理协会机械分会会长李明安作了题为《开拓新思路 适应新常态》的主题发言，从价格放开对行业及企业的影响、相关政策对企业运营的影响及应对措施、监理企业的发展等方面详细介绍了新常态下监理企业的发展方向。各监理公司负责人分别结合各单位的实际情况，就新常态下企业遇到的困境以及企业应对举措、体会等进行了深入交流，气氛热烈。

为学习借鉴工程管理经验，促进机械行业工程监理企业交流学习，提升工程管理服务水平，由中国建设监理协会机械分会组织与会代表于 7 月 25 日赴北京兴电国际工程管理有限公司抚顺泛海国际项目进行考察学习活动。

最后，考察组一行参观了九一八历史博物馆，以此纪念中国人民抗日战争暨世界反法西斯胜利 70 周年。通过此次会议，与会代表表示不但在业务上与大家进行了融洽的交流，更在精神上受到一次心灵的洗礼。

（王玉萍　郑萍　提供）

中国建设监理协会化工监理分会 2015 年度化工监理工作会暨全体会员大会在天津召开

8 月 20 日至 22 日，中国建设监理协会化工监理分会 2015 年度化工监理工作会暨全体会员大会在天津市召开。此次会议由天津市博华监理有限公司协办。中国建设监理协会副会长兼秘书长修璐、副会长王学军，天津市监理协会理事长周崇浩应邀出席会议并讲话。会议分别由中国建设监理协会化工监理分会副会长胡志荣和中国成达工程有限公司监理分公司总经理王伟主持。

化工监理分会副会长赵增华代表化工监理分会理事会作 2015 年度工作报告，全面总结了在中国建设监理协会的指导下化工监理分会认真、负责、尽心尽力的工作状况及取得的卓越成绩。报告也客观总结了过去工作中存在的不足和需要改进的问题。报告提出了本年度的工作计划和在新常态下需要抓紧应对的具体工作安排。

会议举手表决通过了《中国建设监理协会化工监理分会工作条例》(审议稿)、《关于增补化工监理分会副会长单位的报告》、《关于吸收化工监理分会会员的报告》。

在座谈交流环节，化工监理分会项目管理部主任冯瑞云作了《监理企业在新常态下的发展如何适应市场经济规律》的专题发言。长沙华星建设监理有限公司、上海化工工程监理有限公司、连云港连宇建设监理有限公司、上海环亚工程咨询监理有限公司分别作了书面发言。

全体与会代表还就王学军和修璐的讲话进行了热烈讨论。一致认为监理已经面临新常态，不能再因循守旧、不思进取，必须开阔思路、努力创新、审时度势、适时转型。当下要认真工作、应对挑战，把监理工作做在实处，扎扎实实稳步前进，让监理事业尽快适应和融入新常态，积极开拓，保持化工监理行业的健康和持续发展。

河南省建设监理协会召开第三届会员代表大会

8 月 6 日，河南省建设监理协会在郑州召开了第三届会员代表大会，来自全省的 245 名会员单位代表参加了会议。河南省住房和城乡建设厅建管处处长李新怀、副处长郭歌舞出席会议。会议由常务副会长兼秘书长孙惠民主持。

原协会常务副会长赵艳华代表第二届理事会作工作报告。会议表决通过了新修订的协会章程，选举产生了新一届理事会理事、常务理事，选举陈海勤同志为新一届理事会会长，孙惠民、赵艳华、耿春等 14 名同志为协会副会长，孙惠民同志兼任秘书长。

李新怀处长对大会的召开表示热烈的祝贺，充分肯定了协会在服务会员、沟通政府、促进发展等方面作出的努力，对监理行业取得的成绩、发挥的作用、面临的机遇、当前的形势和今后的科学发展等方面提出了指导性意见，并对协会第三届理事会今后的工作提出了新的要求和希望。

新一届理事会会长陈海勤讲话，他对大家的信任和对协会工作的大力支持与帮助表示感谢，对下一步工作讲了三点体会：一是要认真学习和研究政策，顺势而为；二是要努力提高企业经营管理水平，创新发展；三是要持续加强协会自身建设，服务升级。陈海勤会长希望在全体会员单位的大力支持下，不断改进和创新协会工作，努力把河南省建设监理协会办成大家信赖的协会，办成全心全意为会员服务的协会，办成能够引领行业发展的协会。

本次会员代表会议是在建筑业深化改革、监理行业政策调整、监理企业转型升级的背景下，召开的一次继往开来的大会，选举产生的新一届理事会将以高度的使命感和责任感，推动河南省建设监理行业持续、稳定、健康的发展。

（耿春　提供）

上海市建设工程咨询行业协会成立国际合作交流中心

为了更好地发挥行业协会对外交流的桥梁纽带作用，进一步加强与有关国际、国内同行专业组织的交流与合作，推进上海市建设工程咨询行业高端人才的培养，提升行业的整体水平，上海市建设工程咨询行业协会 9 月 7 日在上海宾馆隆重成立上海市建设工程咨询行业国际合作交流中心。协会严鸿华会长与上海市城乡建设和管理委员会政策研究室主任徐存福共同为国际合作交流中心揭牌。

行业国际合作交流中心的任务是：与国际同行组织以及国内外同业协会、学会建立合作与交流关系，从不同角度、不同层次拓宽、深化行业、企业间的合作交流渠道；加强建设工程咨询行业高端人才的培养，推荐相关专业人才取得国际专业资格；加强建设工程咨询行业的理论研究，进行行业调研，开展与有关国际组织以及国内外同业协会、学会的课题合作；邀请国内外特别是国际一流专家、学者来沪访问、考察、讲学、培训，组织建设工程咨询企业与业内人士出国出境交流、考察、培训、进修，组织、举办国际学术会议及行业发展论坛。同时，中心将搭建平台，积极开展与国内外相关企业的交流与合作，组织行业企业间的业务培训、技术咨询、经验交流等活动，支持上海市建设工程咨询企业向上海市行政区域外的地区及境外开拓业务。

严鸿华会长在会上作《让更多的本土“工程顾问公司”走向国际》的重要讲话。行业国际合作交流中心吸纳了 27 家企业为首批合作单位，领导在会上向这些单位的负责人授予铭牌。

会上，中心邀请英国皇家特选测量师学会（RICS）全球培训总监 Pierpaolo Franco 先生作《BIM\ 项目管理——能力建设及转变管理问题》的专业演讲，受到与会者的欢迎，演讲者和与会者还现场开展互动咨询。

（周显道　提供）

安徽省建设监理协会召开四届二次理事会暨四届二次常务理事会

2015 年 8 月 13 日，安徽省建设监理协会在合肥市齐云山庄五一酒店召开了安徽省建设监理协会四届二次理事会暨四届二次常务理事会。安徽省建设监理协会盛大全会长和陈磊副会长分别主持了四届二次常务理事会和四届二次理事会。安徽省住房和城乡建设厅曹剑副厅长参加会议并发表重要讲话，充分肯定了协会开展的工作，并对协会下一阶段工作提出了几点希望；中国建设监理协会王学军副会长到会并作报告，分析了监理行业的形势，总结了监理行业的发展，并介绍了中国建设监理协会近期开展的工作；盛大全会长作四届一次理事会工作总结及 2015 年下半年工作建议的报告，介绍了一年来的主要工作情况，并就下半年协会工作提出四点具体工作建议。各常务理事、理事出席了会议。

常务理事会审议通过了《成立安徽省建设监理协会专家委员会的报告》和《安徽省建设监理行业发展研究报告》，审议接纳了 45 家新会员入会，审议调整了部分副会长、常务理事和理事人选并增补了两位副秘书长；理事会审议通过了《安徽省建设监理协会四届一次理事会工作总结及 2015 年下半年工作建议》《关于安徽省建设监理协会章程中有关个人会员条款的修改报告》《安徽省建设工程监理工作标准》以及《安徽省建设工程施工监理服务费计费规则》。会议还发布了 2014 年度“安徽省建设监理行业 30 强”企业名单并颁奖。

（何秀娟　提供）

工程监理项目信息化管理平台行业观摩会在重庆举行

2015 年 8 月 27 日上午，由重庆市建设监理协会主办、大太阳建筑网承办的“工程监理项目信息化管理平台行业观摩会”在重庆金质花苑酒店隆重举行。

此次观摩会旨在倡导行业改革创新，将互联网先进的科技手段运用到工程项目管理中，提升监理服务水平，提高工作效率，加强从业行为自律约束，并首次提出运用互联网信息化管理手段记录工程项目全生命周期的管理信息，展现工作成果，改革传统管理模式，充分体现服务价值，同时推动行业信息体系建设，促进行业健康发展。

本次观摩会主要展示重庆市建设监理协会与深圳大尚网络技术有限公司协同研发的智慧工程、行业自律平台两大信息化管理平台的应用功能，以及与手机移动端的同步运用，实现 PC 端与手机移动端的无缝连接，同时采用实体项目演示展现平台协同效果，实现项目现场数据信息实时共享同步管理，并模拟实施项目管理中监理、施工、设计、业主的多方协同工作，通过标准化管理流程、检查、预警、智能化统计分析等实现对工程项目的进度、从业行为、质量安全等的实时掌控，打破传统软件的管理模式，整合工程项目实施过程中的有效资源，利用互联网云技术对大数据进行自动分析处理，展现整个工程项目的历程和从业人员执业生涯，保证工程项目全生命周期的信息可追溯，填补目前工程项目实施过程的管控缺失，为建立工程项目过程监管信息体系、推动行业信息化建设进程打开新的篇章。

上海市建设工程咨询行业协会在松江召开监理工作会议

8月31日，上海市建设工程咨询行业协会在松江召开监理工作会议。会议号召广大监理企业认真看清形势，积极正视现实，坚决经受住监理取费价格放开的严峻考验，坚持走市场化的道路，千方百计攻克难关，团结取胜。

协会副会长兼秘书长许智勇在会上强调，今年对监理行业是一个严峻的考验，因为监理的取费价格全面放开了，大家有些不适应，甚至感到迷茫。但是，走市场化的道路是大势所趋，不管有多大的困难，我们都要克服。越是困难时期，监理同行越要团结奋斗，越要诚信自律，大家要树立信心，抱团取暖，克难制胜。

副会长、监理专委会副主任龚花强首先在会上作《价格放开对行业的影响及应对措施》的演讲。他指出，国家坚定不移地力推全面价格放开，这对于行业影响深远，协会要指导监理企业规范价格行为，自觉维护市场秩序；企业应加快业务转型发展，大力开拓项目管理及工程咨询业务，以规避政策的影响。

会上，与会的监理企业负责人纷纷发言，为监理企业走出困境出谋划策。上市公司表示要响应国家“一带一路”的战略，利用集团的资源，去海外并购企业，把事业做大；国有企业要向全过程的顾问公司发展，引进人才，做大规模；有的企业要以提高人员素质、服务质量和专业技能赢得市场；有的企业指出，安全、质量是项目管理的刚性需要，要应用新的科技手段，把工作做得更好。监理企业代表争相发言，更增强了大家搞好监理行业的信心。

（周显道　提供）

天津市建设监理协会全面推进监理行业信息化管理工作会议在武清召开

9月7日下午，天津市建设监理协会全面推进监理行业信息化管理工作会议在武清天鹅湖会议中心召开，此次会议是为了全面推进监理行业信息化管理工作、进一步抓好监理企业信息化基础工作召开的重要会议。协会领导班子全体成员、各会员单位董事长或总经理近百余人参加了此次会议。

会上，协会秘书处段琳副主任详细讲解了天津市建设监理企业信息管理系统的主要功能，特别对人员管理模块及统计分析模块作了重点介绍，为企业运用该信息管理软件系统打下良好的基础。协会周崇浩理事长结合天津市监理企业推行软件中存在的问题作了重要讲话。

会议本着精简办会的原则，协会“工程监理责任保险”课题组代表宗亚辉对“工程监理责任保险的有关条款设立”作了简要介绍。针对“工程监理责任保险”课题，周崇浩理事长指出：市场经济的不断完善，责任追究和行政处罚力度的不断加大，企业抗风险能力日益突显出重要性，“工程监理责任保险”结合多种投保组合方案可以使企业满足人才储备、风险规避的需要，为企业发展提供有力的保障。

会议要求各企业领导及时转达会议精神、落实工作要求，为监理行业的健康发展而努力。全面推进监理行业信息化管理工作会议圆满落下帷幕。

（张帅　提供）

武汉建设监理协会成功举办“武汉地区建设工程项目管理经验交流会”

8 月 27 日上午，由武汉建设监理协会组织筹备的“武汉地区建设工程项目管理经验交流会”在湖北省老年大学四楼报告厅如期成功举办，武汉市大型建设平台企事业单位、政府机构、兄弟协会、高等院校等几十余家特邀嘉宾出席会议，130 位企业领导及代表参加了交流会。会议由协会副会长秦永祥主持，协会秘书长吴正邦致欢迎词，并由汪成庆会长作最后总结讲话。

本次交流会旨在总结本地区项目管理工作经验，拓宽本地区项目管理（代建）工作领域，为武汉市监理企业及相关工程咨询企业转型升级寻求可行性方案和指导思路，促进工程监理企业多元化、专业化、差异化发展，提升工程监理和项目管理水平，加快与国际接轨的速度。“他山之石，可以攻玉！”汪会长在最后的讲话中特别强调，我国的监理行业经过二十多年的发展，正逐步从青涩走向成熟，当前武汉的监理及项目管理事业在全国的地位还不错，在中西部地区处于领先地位，希望业主、相关管理部门能充分相信本地的建设工程监理企业。此外，监理寻求转型也是充分贯彻落实住建部和《工程质量治理两年行动方案》的相关要求，因此筹备举办本次交流会重在推广项目管理（代建）模式，开阔监理企业的视野和思维，希望未来有实力的监理企业能不断摸索、积极寻求转型升级，相信通过广大监理人的共同努力，监理行业的道路会越走越宽、越走越远。

（陈凌云　提供）

郑州中兴工程监理有限公司EEP监理项目管理系统荣获2015年河南省建设科技进步一等奖

近日，河南省住房和城乡建设厅公布了 2015 年河南省建设科技进步（绿色建筑创新）奖获奖项目，郑州中兴工程监理有限公司与中机六院联合研发的 EEP 监理项目管理系统荣获 2015 年河南省建设科技进步一等奖。

为了表彰在河南省建设事业科学技术进步工作中做出突出贡献者，特发此证，以资鼓励。

项目名称	EEP 监理项目管理系统
奖励等级	壹等奖
证书编号	2015-J-20-R15/15
发证日期	2015 年 06 月 23 日

获奖单位及人员名单

郑州中兴工程监理有限公司
机械工业第六设计研究院有限公司

李振文　朱悒真　李洪涛　崔树成
胡俊霞　张伟民　周自伟　张彦平
丁金昕　刘　莹　马超阳　包晓涛
谢　猛　杨　飞　王小伟

共十五人

EEP 监理项目管理系统以信息化为基础，以网络为支撑，以 BIM 技术应用、文档信息管理为手段，以工程项目管理为主线，实现了工程项目参与各方协调沟通的集成应用。该系统目前已广泛应用于郑州中兴工程监理有限公司在建监理项目，率先实现了监理行业与互联网技术、BIM 技术的良好融合，为河南省监理行业、BIM 咨询行业的健康发展提供了有力技术支撑。

（宋南　提供）

国内最大墩高转体梁在武汉完美“转身”

近日，由武汉铁道工程建设监理有限责任公司承担监理任务的武汉市长丰大道快速化改造（二环线—三环线）工程第一标段涉铁立交桥安全顺利转体，这是目前监理国内跨铁路最大墩高的转体桥工程。

该立交桥是武汉市长丰大道快速化改造（二环线—三环线）工程的控制性工程，是武汉市主城区“三环十三射”快速骨架路网系统的重要组成部分，也是第十届中国（武汉）国际园林博览会主要交通道路。该工程跨越沪汉蓉通道汉宜高铁、汉丹铁路上下行以及武汉地铁 1 号线轻轨进出场线，为减少上部结构施工对铁路既有线行车安全的影响，该桥采用平衡转体施工。主线高架跨铁路段采用一联（55+90+90+55）=290m 转体施工变截面预应力混凝土连续钢构，其中 L12 联含 5 个桥墩，主墩（38 号、39 号、40 号）中的 38 号、39 号墩现浇箱梁采用支架顺线路方向现浇后转体施工的方式，38 号墩主梁主体重 14500t、39 号墩主梁主体重 13500t，桥高 32.5m，38 号墩墩高 27m，是国内目前跨铁路最大墩高的转体桥。

武汉市长丰大道快速化改造（二环线—三环线）工程第一标段涉铁立交桥安全顺利转体，是武铁监理人把监理的责任履行到每天的施工之中，把监理的心血和汗水注入每项工程里，为中国铁路和武汉市政建设筑牢了施工的“安全屏障”，当好了工程“质量卫士”。

（葛京花　提供）

《天津市建设工程监理规程》修订工作顺利完成

天津市工程建设标准　DB

DB/T 29-131-2015
备案号 J10529-2015

天津市建设工程监理规程

The supervisory specifications of construction engineering for TianJin

2015-08-11 发布　2015-11-01 实施

天津市城乡建设委员会　发布

为了提高天津市建设工程监理与相关服务水平，更加规范建设工程监理相关服务行为，2014 年年初由天津市建设监理协会牵头，组织天津市相关监理企业专家及部分行业内专家对《天津市建设监理规程》 DB 29-131-2005 进行全面修订。

规程修订工作历时一年半，修订专家本着严谨的态度和高度的热情，认真参照国家及地方的法律、法规、技术标准、规范性文件，并结合天津市建设监理工程实际开展修订工作。在确定修订专家组成员、制定修订计划、分配修订章节等工作的基础上，由执笔专家形成修订初稿，编审专家对初稿进行整理修改，适时召开多次统稿会议及征求意见会，对规程内容进行逐章、逐条、逐句、逐字的修改，形成送审稿。同时，按照天津市建委要求，面向天津市住宅集团、建工集团、质量安全监督管理总队、地铁总公司等相关部门征求意见，组织召开规程评审会，征求建设行业专家意见，使最终确定的新版规程更加完善。

新版《天津市建设工程监理规程》DB/T 29-131-2015 将在 2015 年 11 月 1 日正式实施。规程的颁布，将更加规范现阶段天津市建设监理工作，促进天津市建设监理行业的健康发展。

（张帅　提供）

住房城乡建设部关于印发推动建筑市场统一开放若干规定的通知

建市[2015]140号

各省、自治区住房城乡建设厅，直辖市建委，北京市规委，新疆生产建设兵团建设局：

为建立健全统一开放、竞争有序的建筑市场体系，营造公平竞争的市场环境，进一步规范建筑市场秩序，我部制定了《关于推动建筑市场统一开放的若干规定》，现印发给你们，请遵照执行。

各省、自治区、直辖市住房城乡建设主管部门要高度重视推动建筑市场统一开放工作，加强组织领导和监督检查；按照国务院行政审批制度改革的总体部署和本规定的要求，全面清理本行政区域内各级住房城乡建设主管部门制定的涉及建筑企业跨省承揽业务监督管理的各项规定；按照建立省际协调联动机制的要求，明确本地区负责建筑企业跨省承揽业务活动管理的机构和人员。

请于 2015 年 10 月 31 日前将《省际协调联动机制名单》报送我部建筑市场监管司。

联 系 人：杨紫烟、明刚

联系电话：010-58933373，58934994（传真）

附件：1. 关于推动建筑市场统一开放的若干规定

2. 省际协调联动机制名单（略）

住房城乡建设部

2015 年 9 月 21 日

附件1

关于推动建筑市场统一开放的若干规定

第一条　为建立健全统一开放、竞争有序的建筑市场体系，促进建筑企业公平竞争，加强对建筑企业跨省承揽业务活动的监督管理，依据《中华人民共和国建筑法》、《企业信息公示暂行条例》、《关于促进市场公平竞争维护市场正常秩序的若干意见》（国发〔2014〕20 号）等，制定本规定。

第二条　建筑企业在中华人民共和国境内跨省承揽房屋建筑和市政基础设施工程及其监督管理活动，适用本规定。

本规定所称建筑企业是指取得工程勘察、设计、施工、监理、招标代理等资质资格证书的企业。

本规定所称跨省承揽业务是指建筑企业到注册所在地省级行政区域以外的地区承揽业务的活动。

第三条　各级住房城乡建设主管部门要全面落实国家关于促进企业深化改革发展的各项政策措施，加强政策引导，营造有利于实力强、信誉好的建筑企业开展跨省承揽业务的宽松环境。

第四条　各级住房城乡建设主管部门应当按照简政放权、方便企业、规范管理的原则，简化前置管理，强化事中事后监管，给予外地建筑企业与本地建筑企业同等待遇，实行统一的市场监管，推动建筑市场统一开放。

第五条　住房城乡建设部对全国建筑企业跨省承揽业务活动实施统一监督管理。省级住房城乡建设主管部门对在本地区承揽业务的外地建筑企业实施监督管理。

住房城乡建设部通过建立全国建筑市场监管与诚信信息发布平台，与各省级平台相对接，统一公开各地建筑市场监管和诚信行为信息。

第六条　建筑企业跨省承揽业务的，应当持企业法定代表人授权委托书向工程所在地省级住房城乡建设主管部门报送企业基本信息。企业基本信息内容应包括：企业资质证书副本（复印件）、安全生产许可证副本（复印件，施工企业）、企业诚信守法承诺书、在本地承揽业务负责人的任命书及身份信息、联系方式。

建筑企业应当对报送信息的真实性负责。企业基本信息发生变更的，应当及时告知工程所在地省级住房城乡建设主管部门。

第七条　工程所在地省级住房城乡建设主管部门收到建筑企业报送的基本信息后，应当及时纳入全省统一的建筑市场监管信息系统，通告本地区各级住房城乡建设主管部门，并向社会公示。

企业录入基本信息后，可在工程所在地省级行政区域内承揽业务。省级行政区域内各级住房城乡建设主管部门不得要求建筑企业重复报送信息，或每年度报送信息。

在全国建筑市场监管与诚信信息发布平台可查询到的信息，省级住房城乡建设主管部门应当通过信息系统进行核查，不再要求建筑企业提交纸质材料。

第八条　地方各级住房城乡建设主管部门在建筑企业跨省承揽业务监督管理工作中，不得违反法律法规的规定，直接或变相实行以下行为：

（一）擅自设置任何审批、备案事项，或者告知条件；

（二）收取没有法律法规依据的任何费用或保证金等；

（三）要求外地企业在本地区注册设立独立子公司或分公司；

（四）强制扣押外地企业和人员的相关证照资料；

（五）要求外地企业注册所在地住房城乡建设主管部门或其上级主管部门出具相关证明；

（六）将资质资格等级作为外地企业进入本地区承揽业务的条件；

（七）以本地区承揽工程业绩、本地区获奖情况作为企业进入本地市场条件；

（八）要求企业法定代表人到场办理入省（市）手续；

（九）其他妨碍企业自主经营、公平竞争的行为。

第九条　各省级住房城乡建设主管部门应当在本地区建筑市场监管信息平台中，统一公布中标企业（包括通过直接发包方式确定的承包企业）项目班子人员信息，并将中标信息和现场执法检查相结合。在建筑市场监督检查时，重点核查项目班子人员与中标信息不一致、项目负责人不履职、建筑企业在多个项目更换项目负责人等行为，依法查处建筑企业转包、挂靠、违法分包等违法违规行为。

第十条　对发生严重违法违规行为或报送企业基本信息时弄虚作假的建筑企业，工程所在地省级住房城乡建设主管部门应当将其列入黑名单，采取市场禁入等措施，同时上报住房城乡建设部，在全国建筑市场监管与诚信信息发布平台上向社会公布。

第十一条　住房城乡建设部建立建筑企业跨省承揽业务活动监管省际协调联动机制。各省级住房城乡建设主管部门应当明确本地区负责建筑企业跨省承揽业务活动管理的机构和人员。

工程所在地省级住房城乡建设主管部门应当及时通报外地建筑企业在本地区承揽业务活动中存在的违法违规行为等信息。注册所在地省级住房城乡建设主管部门应当积极协助其他省市核实本地建筑企业资质、人员资格等相关信息，配合处理建筑企业在跨省承揽业务中发生的违法违规行为，形成联动监管。

第十二条　注册所在地省级住房城乡建设主管部门对在外地发生违法违规行为的本地建筑企业，要及时开展动态核查。经核查，企业不符合资质标准的，应当依法进行处理。

第十三条　省级住房城乡建设主管部门应当向社会公开投诉举报电话和信箱，对本地区各级住房城乡建设主管部门的建筑企业跨省承揽业务监管工作实施监督，对设立不合理条件限制或排斥外地企业承揽业务的，应当及时纠正，情节严重的要通报批评。

住房城乡建设部依法受理全国涉及建筑企业跨省承揽业务活动监督管理的举报投诉，对违反本规定第八条及企业反映强烈、举报投诉较多、拒不整改的地区进行约谈、通报、曝光。

第十四条　建筑企业在本规定施行之日前已经办理跨省承揽业务备案的，除按照本规定变更信息外，任何单位或个人不得要求企业重新报送信息。

第十五条　本规定自2016年1月1日起施行。原有关文件与本规定不一致的，按本规定执行。

国家发展和改革委员会出台《电力建设工程施工安全监督管理办法》

国家发展和改革委员会近日印发《电力建设工程施工安全监督管理办法》(以下简称《管理办法》)，旨在加强电力建设工程施工安全监督管理，保障人民群众生命和财产安全。《管理办法》自2015年10月1日起施行。2007年原电监会发布的《电力建设安全生产监督管理办法》(电监安全〔2007〕38号)同时废止。

《管理办法》指出，电力建设单位、勘察设计单位、施工单位、监理单位及其他与电力建设工程施工安全有关的单位，必须遵守安全生产法律法规和标准规范，建立健全安全生产保证体系和监督体系，建立安全生产责任制和安全生产规章制度，保证电力建设工程施工安全，依法承担安全生产责任。

《管理办法》要求，监理单位应当按照法律法规和工程建设强制性标准实施监理，履行电力建设工程安全生产管理的监理职责。监理单位资源配置应当满足工程监理要求，依据合同约定履行电力建设工程施工安全监理职责，确保安全生产监理与工程质量控制、工期控制、投资控制的同步实施。监理单位应当建立健全安全监理工作制度，编制含有安全监理内容的监理规划和监理实施细则，明确监理人员安全职责以及相关工作安全监理措施和目标。监理单位应当组织或参加各类安全检查活动，掌握现场安全生产动态，建立安全管理台账。在实施监理过程中，发现存在生产安全事故隐患的，应当要求施工单位及时整改；情节严重的，应当要求施工单位暂时或部分停止施工，并及时报告建设单位。施工单位拒不整改或者不停止施工的，监理单位应当及时向国家能源局派出机构和政府有关部门报告。

《管理办法》明确，由国家能源局依法实施电力建设工程施工安全的监督管理，同时建立电力建设工程施工安全领域相关单位和人员的信用记录，并将其纳入国家统一的信用信息平台，依法公开严重违法失信信息，并对相关责任单位和人员采取一定期限内市场禁入等惩戒措施。

(张菊桃　提供)

2015年9月开始实施的工程建设标准

序号	标准名称	标准编号	发布日期	实施日期
国标				
1	GB 50204-2015	混凝土结构工程施工质量验收规范	2014-12-31	2015-9-1
2	GB/T 51077-2015	电动汽车电池更换站设计规范	2014-12-31	2015-9-1
3	GB 51076-2015	电子工业防微振工程技术规范	2014-12-31	2015-9-1
4	GB 51078-2015	煤炭矿井设计防火规范	2014-12-31	2015-9-1
5	GB/T 51075-2015	选矿机械设备工程安装规范	2014-12-31	2015-9-1
6	GB 51081-2015	低温环境混凝土应用技术规范	2015-1-21	2015-9-1
7	GB/T 51074-2015	城市供热规划规范	2015-1-21	2015-9-1
8	GB/T 51082-2015	工业建筑涂装设计规范	2015-1-21	2015-9-1
9	GB 51080-2015	城市消防规划规范	2015-1-21	2015-9-1

行标				
1	JGJ/T 84-2015	岩土工程勘察术语标准	2015-1-9	2015-9-1
2	CJJ/T 67-2015	风景园林制图标准	2015-1-9	2015-9-1
3	JGJ 126-2015	外墙饰面砖工程施工及验收规程	2015-1-9	2015-9-1
4	JGJ 355-2015	钢筋套筒灌浆连接应用技术规程	2015-1-9	2015-9-1
5	CJJ/T 230-2015	排水工程混凝土模块砌体结构技术规程	2015-1-9	2015-9-1
产标				
1	CJ/T 472-2015	潜水排污泵	2015-3-4	2015-9-1
2	CJ/T 473-2015	排水管道闭气检验用板式密封管堵	2015-3-4	2015-9-1
3	CJ/T 474-2015	城镇供水管理信息系统 供水水质指标分类与编码	2015-3-4	2015-9-1
4	CJ/T 476-2015	建筑机电设备抗震支吊架通用技术条件	2015-3-4	2015-9-1
5	CJ/T 475-2015	微孔曝气器清水氧传质性能测定	2015-3-4	2015-9-1
6	JG/T 472-2015	钢纤维混凝土	2015-3-4	2015-9-1
7	CJ/T 479-2015	燃气燃烧器具实验室技术通则	2015-3-4	2015-9-1
8	CJ/T 477-2015	超声波燃气表	2015-3-4	2015-9-1

2015年10月开始实施的工程建设标准

序号	标准编号	标准名称	发布日期	实施日期
国标				
1	GB/T 51087-2015	船厂既有水工构筑物结构改造和加固设计规范	2015-2-2	2015-10-1
2	GB 50189-2015	公共建筑节能设计标准	2015-2-2	2015-10-1
3	GB 50408-2015	烧结厂设计规范	2015-2-2	2015-10-1
4	GB/T 50155-2015	供暖通风与空气调节术语标准	2015-2-2	2015-10-1
5	GB 50376-2015	橡胶工厂节能设计规范	2015-2-2	2015-10-1
6	GB/T 51086-2015	医药实验工程术语标准	2015-2-2	2015-10-1
7	GB 50251-2015	输气管道工程设计规范	2015-2-2	2015-10-1
8	GB 51084-2015	有色金属工程设备基础技术规范	2015-2-2	2015-10-1
9	GB/T 51089-2015	针织设备工程安装与质量验收规范	2015-2-2	2015-10-1
10	GB/T 51088-2015	丝绸设备工程安装与质量验收规范	2015-2-2	2015-10-1
11	GB/T 51090-2015	色织设备工程安装与质量验收规范	2015-2-2	2015-10-1
行标				
1	CJJ/T 212-2015	生活垃圾焚烧厂运行监管标准	2015-2-10	2015-10-1
2	JGJ 339-2015	非结构构件抗震设计规范	2015-2-10	2015-10-1
3	JGJ/T 349-2015	民用建筑氡防治技术规程	2015-2-5	2015-10-1
4	JGJ/T 101-2015	建筑抗震试验规程	2015-2-5	2015-10-1
5	CJJ/T 222-2015	喷泉水景工程技术规程	2015-2-5	2015-10-1
6	JGJ/T 357-2015	围护结构传热系数现场检测技术规程	2015-2-5	2015-10-1
7	CJJ/T 229-2015	城镇给水微污染水预处理技术规程	2015-2-5	2015-10-1

本期
焦点

新常态下建设监理企业面临的机遇与挑战

编者按：

十八大以后，我们国家包括我们监理行业正处在一个变革的时代，正处在一个由旧规制、旧模式向新规制、新模式的转变过程中，正经历一个由旧体制下的平衡到改革中的不平衡，再到新体制下的再平衡的调整变化之中。这是一个不以人的意志为转移，不以建设监理企业喜好为选择的变革。我们没有能力去改变它，只有努力去适应它，并按照政策和发展规律去调整自己。这种新规制、新模式正在形成"新常态"。

在新常态下，建设监理行业与企业发展将面临新的挑战，需要调整发展思路和经营方式，努力适应国家对工程咨询业管理体制改革要求，从以政府行政管理为核心的行业管理制度转变到在政府指导、监督下的以市场为核心的社会管理制度上来。

监理服务价格市场化后的自律问题

广东省建设监理协会　朱本祥

一、监理服务价格市场化的认识

1. 监理服务价格市场化是我国当前社会和经济发展的必然趋势

2015 年 2 月 11 日，国家发改委印发了《关于进一步放开建设项目专业服务价格的通知》（发改价格〔2015〕299 号），这标志着建设监理行业的市场化道路，迈出了最关键和决定性的一步。由于我国建设监理行业发展才二十多年，相应的法制、体制和机制基本建立在政府推动和扶持的环境中，建设监理突然被推向一个尚不完善的市场经济环境，整个监理行业备感压力巨大，难以适应，反响激烈。

但国家全面深化改革、充分发挥市场在资源配置中的决定性作用的步伐是坚定的，不可能因为监理行业自身的不愿意和不适应而停滞或放缓。事实上，2007 年发布的政府指导价，本身在市场经济的大潮中就显得有些软弱乏力，早已被市场分解得支离破碎，有些地方政府公开发文将一定范围的工程建设项目按国家颁布的政府指导价减半收取监理服务费，大部分民营或社会投资项目，基本都突破了政府指导价的下限，当然，也有少数项目，由于真正需要监理发挥作用，其监理服务收费也以一定的形式突破了政府指导价的上限。在工程建设投资多元化和市场化的前提下，工程建设监理收费的市场化已成为必然趋势。由于监理服务内容的市场需求不同，价格必然存在差异，取消政府指导价狭小范围的限制，使监理收费的上下空间更大，对促进监理企业个性化发展业务、诚信经营，更好地满足市场客观真实需要，充分体现监理的真实价值和发挥监理真正作用是利大于弊的好事。

2. 监理收费的市场价应与监理市场客观需求符合

笔者认为：监理收费的市场价应该是根据监理市场的服务内容的真实需求，保证真正发挥出监理应有作用必须投入到位，并能满足监理企（行）业生存发展客观需要的监理收费价格。这个价格是符合理性、属于社会平均或得到社会公认的价格，既不能把一些建设单位因对监理服务的误解或变相理解而主观意愿性、强迫性作出的监理服务价格作为监理收费的市场价格，也不能把部分监理企业屈服的、非诚信意图的甚至恶性市场竞争的非理性价格作为监理收费的市场价格，尽管这两者在尚不完善的市场上还很大程度客观存在，但切不可把它当成市场的趋势、主体和必然，从而为社会和大众认可、接受。

充分完善的市场机制下，推崇的价格必须是理性的，它遵循优质优价、诚实守信和公平交易的市场客观规律。国家放开监理服务收费政府指导价，交由市场自主选择后，经过一段时间，当市场规律发挥作用，低价的不良后果显现后，监理收费必将回归理性的价格。

二、现阶段监理收费的客观因素构成

建设监理企业发展二十多年来，无论其企业性质、业务范围和经营管理模式怎样，其监理服务业务成本构成的客观因素，是始终存在的和基本不变的。它可用以下几个基本因素概括，即合理客观的监理收费的价格构成，应包括如下几方面：

1. 监理人员的直接工资性收入（本文用 A 表示），即人员工资及其五险一金等。不同岗位、资历和发挥着不同作用，以及不同地区的监理人员，其直接工资性收入有较大的差别。例如总监理工程师的直接工资性收入，就广东省而言，应该在 12 万 ~40 万元 / 年，从全国范围来讲，可能在 10 万 ~45 万元 / 年。

2. 项目监理机构现场管理费用（本文用 B 表示）。其内容包括：检测试验工器具费用、办公及其用品费用、交通与通信费用、加班与额外劳务费、劳动保护与安全防护费用、生活及误餐补贴费用等。根据项目监理机构的规模大小和所监理项目的复杂程度的不同，这部分费用大小是不同的。根据广州市有关监理企业最近做的测算，一般占费用 A 的 12%~20%。

3. 监理企业的综合管理费（本文用 C 表示）。其内容包括：企业总部（非项目监理机构）人员的直接工资性收入、企业生产经营业务管理费、企业办公及其用品费用、企业人才培训与全员性福利费、企业文化建设与开拓发展费用等。根据公司的不同业务情况和管理状况，这部分费用大小也是不同的。根据广州市有关监理企业最近做的测算，一般占费用 A+B 的 15%~25%。当然，这部分费用大小还与各监理企业具体的管理水平、生产机制、经营理念密切相关。一个管理有序、严密，业务稳定，发展正常的监理企业，其综合管理费用相对要节省一些。

4. 企业的税金和利润（本文用 D 表示）。任何监理企业都有税金的支出，它与企业经营业务量相关联。而企业利润相对是一个可变数，它体现了或反映着监理企业的经营风险和经营业绩。监理企业必须缴纳的相应税金和合情合理的预期利润收入，是监理服务收费必须考虑的必然因素。

5. 项目监理的风险金（本文用 E 表示）。项目是否存在扩建、停建、减建、停滞、拖延等情况，从而导致监理增加投入的风险，也是监理服务收费报价中要认真考虑的因素。在建设监理合同中应该明确项目风险金的原则，即监理服务收费的合同价格由哪些构成，应明确包含什么样的风险情形。可以预见的风险可以通过商议好的价格（费用）包干，意外风险应坚持事后按实计取的原则。由于工程建设的复杂性，工程项目监理的各种风险或多或少均有发生，因此，项目监理的风险金是监理服务收费价格构成的一个重要因素。

三、今后监理企（行）业如何报价

市场经济条件下，监理的收费难以有一个明确的推行标准，只有合情合理、客观诚信的监理服务报价才能得到社会和政府的广泛认可。由于监理服务的需求受到市场的严重制约，监理服务的内容、范围、深度因项目不同，存在较大的差别。

本着复杂问题简单化的操作办法，笔者认为今后监理企（行）业关于监理收费的市场报价的原则是：以建设单位（业主）对监理服务的真实需求为前提，以国家法制对监理的职责要求为限制，以必然的监理服务客观费用构成因素为基准，具体分析，认真协商，合理计算。

具体可以采取 A+B+C+D+E 的方法。

第一步：确定与监理费用相关的基础和原则。根据建设单位（业主）的需求，明确监理服务的范围和内容，在满足现行法制要求的前提下，界定监理服务的职责。这就要求在与建设单位的合同谈判过程中，要与建设单位一起进行工程项目整个监理工作的策划，分清各自的工作内容、范围、职责。这项工作实际上就是要求监理企业必须认真严格和深入广泛地去做好市场调查和合同评审工作。

第二步：确定费用 A。根据监理服务的范围、内容和职责确定监理必需的资源投入，即确定项目监理机构的各项工作要素（人、财、物和时间）。在第一步的基础上，需要进一步了解工程项目的情况，与建设单位充分协商和沟通，共同确定或明确各阶段及整个过程需要多少监理人员，如何配置各专业、各层次的监理人员。整个项目监理机构完成全部监理工作所需要的投入的总人数，是监理服务报价的根本基础和主要内容。

第三步：分别确定费用 B、C、D、E。根据项目的复杂程度、技术含量和监理要求等，预测出费用 B；根据本企业的情况（企业自身的综合管理费率应自我测算，做到心中有数），计算费用 C；预估合同总收入和预期利润，计算出 D；综合考虑项目风险，给出一个双方可以接受的费用 E。

第四步：根据项目监理机构的各项工作要素，采取 A+B+C+D+E 的方法，给出项目监理收费的报价。

以上监理报价方法充分体现了监理服务的明码标价原则。监理市场报价在说明计算原则和列明具体计算过程的同时，要充分与建设单位协商，以取得建设单位的理解和认同。

这里要说明的是由于工程建设管理过程的复杂性，监理服务工作增加与扩展的可能性很大，建设监理服务的实际价格，往往在事先（合同签订时）难以以一个固定价格来定论，但多年来项目监理服务在投标和签订合同时总是习惯接受固定总价的形式，造成了监理企（行）业很大的被动，甚至成为监理企（行）业难以发展的源头因素。笔者主张监理服务的市场报价务必走向根据具体工作内容、职责，详细分析、逐项计算的道路。因此，监理服务的合同价只是一个相对稳定的暂定价，任何监理合同履行完成后，均要有一个价格调整的问题，其中不但包括意外和额外的监理服务工作内容的增加费用，也包括监理工作减少或责任未履行的扣减费用。如此，监理服务价格才算完整和公平。监理企（行）业应利用监理服务市场化的契机，极力将监理服务价格回归到客观、公正的地位，改变以往受制于委托方的被动局面。

四、关于监理收费的投标竞价与自律

市场经济是在法制规范的前提下充分的自由竞争经济，显然，监理服务的价格必然要受到市场竞争因素的影响。在市场经济的大潮中，要促进监理企（行）业健康有序发展，笔者认为关键是政府、行业协会、企业这三者要把握好各自对市场的定位，做到不越位、不缺位。

政府：鼓励竞争，提倡优胜劣汰，依靠市场规律发挥作用的同时，通过宏观调控，加强和完善市场法制，建立充分完善的市场经济机制。一旦比较完善的市场经济机制形成，政府唯一要做的就是检查市场主体是否存在违法行为，以法制调控市场，做到有法必依，违法必究。

行业协会：关注市场动态，掌握市场信息，贯彻政府法制，积极引导监理企业守法诚信经营，依靠市场规律发挥作用的同时，要建立行业自律的游戏规则（行规行约），对违反规定的恶性市场竞争行为实施行业制裁。

企业：守法诚信经营是企业的根本，凭借人才、技术和管理优势在市场经济中必然取得优胜的结局，投机钻营、从短期利益出发的企业必将难以生存和发展。

我们也看到，监理服务价格市场化的初期，监理收费在竞争性报价（投标价）中，明显出现价格走低的趋势和现象，这说明恶性竞争是明显存在的。笔者认为，这种恶性竞争不可能成为主流，因为它不会给工程建设任何一方带来长久利益，一直遭受着工程建设各方（也包括自身）发自内心的深恶痛绝。

市场机制下，监理企业的诚信自律问题将成为市场好坏的关键。鉴于监理企业的差异性，在今后的监理市场自由报价机制中，笔者主张对监理收费投标竞价问题，应做到监理企业各自向社会公开声明本企业的价格底线。其实，每个监理企业都有自己必需把握的一个监理服务价格市场底线，只是都未能公开而已。整个监理行业的诚信自律建设，关键的一点就是所有或绝大部分监理企业能不能向社会公开本企业关于监理服务内容、质量和价格的承诺，自觉接受社会监督。做到了这一点，目前纷繁复杂的监理企业，无需采取其他调查、分析、考评等手段，其优劣自然就泾渭分明了，同时监理行业的诚信自律建设也就迎刃而解了，监理市场将迎来弊绝风清、良性发展的局面。

试论在新常态下的监理发展

上海化工工程监理有限公司

摘　要： 随着中国经济进入新常态，监理行业也进入新常态。本文分析了当前监理行业遇到的困难和对策，并对监理发展作了预测。

关键词： 新常态　监理　困难　前景

当前监理企业特别是化工监理企业的日子不好过，主要表现在两方面。

1. 监理沿革

我国的监理行业在战略层面源自1978年十一届三中全会的改革开放，在战术层面则起源于1982年的鲁布革水电站建设。这是监理发展的第一个里程碑。自1988年以来，国家实行项目法人负责制、招标承包制、建设监理制和合同管理制，颁布了一系列监理相关规定，特别是1998年3月1日起施行的《中华人民共和国建筑法》明确“国家推行建筑工程监理制度”，监理行业得到蓬勃的发展，这是监理发展的第二个里程碑。2013年11月召开的十八届三中全会强调市场在资源配置中起决定性作用，各地已陆续对强制监理和政府定价进行改革，监理不能再像以前一样“吃皇粮”，即使获得监理项目，监理费有时也难得到保障。最近的监理行业会议和专业杂志，都在议论监理的日子怎么过。

2. 如果说监理日子难过是普遍性的问题，那化工监理企业的日子更难过。监理属于服务行业，是为所服务的行业服务的。两者的关系是皮与毛的关系，只有“皮”发展了，“毛”才可能随着发展。化工监理企业所服务的对象大多是化工行业。化工是国民经济重要基础产业，但往往伴随着环境污染和事故。PX（对二甲苯）的遭遇是个典型的例子。就像现代社会离不开汽油一样，PX现已成为我们生活的一部分。目前全球生产的3000多万吨PX，绝大部分都作为聚酯纤维的原料。2012年我国生产合成纤维约2800万t。如果生产同等数量的自然纤维，则需要耕地近2亿亩，而我国的耕田红线是18亿亩。PX也是药物胶囊、矿泉水瓶、建筑材料的原料之一，还可以生产油漆溶剂。从属性分析PX为微毒类化工品，建设应当不是大问题，然而现实是国内建设步履艰难：2006年厦门、2009年九江、2011年大连、2012年宁波和咸阳、2013年昆明和彭州、2014年茂名PX项目，均受到当地居民的抵制甚至反对。厦门PX项目2008年初搬迁至漳浦古雷镇，本来被人看好，但今年4月6日该项目发生爆炸，引发三个储罐爆裂燃烧。

如果化工项目都如PX那样频繁出现抵制—事故—再抵制，那化工监理是很难生存和发展的。

当然以上所说的这些困难并不是我们悲观消极的理由，相反，“沧海横流，方显英雄本色”，困难是挑战更是机遇。化工监理企业只有正视困难、迎接挑战，才能在激烈竞争的市场经济和日益提高的环保要求中生存和发展。

要战胜困境，首先就要适应中国经济新常态。新常态有几个主要特点。一是从高速增长转为中高速增长。二是经济结构不断优化升级，第三产业消费需求逐步成为主体，城乡区域差距逐步缩小，居民收入占比上升，发展成果惠及更广大民众。三是从要素驱动、投资驱动转向创新驱动。四是新常态下中国政府大力简政放权，市场活力进一步释放。化工监理企业要把自己放在新常态中，形成监理行业的新常态，用新常态思维来思考未来的发展和解决眼前的困难。从国民经济高速增长转为中高速增长，既是客观条件的制约，也是从量到质优化升级的内在需要。既然工程项目不如前阶段多，那么建设方对监理的期望就会更高，这对监理企业提出了更高的要求，我们就要苦练内功满足业主的要求。新常态下第三产业消费需求逐步成为主体，而监理服务属于第三产业，这又给监理的发展提供了新天地。

特别是在新常态下监理企业要拉好市场这只“看不见的手”和政府这只“看得见的手”。眼前任何企业从开张、运行到关门，都要在政府那里登记、注册、备案，遵守人大和政府颁发的各项法律法规，办理政府盖章的各项许可证。如果离开政府的“手”，企业将无所适从，寸步难行。然而企业成长还须拉住另一只看不见的“手”——市场。市场与政府不同，它是看不见、摸不着的，如果忽视市场的存在，同样会在市场经济中寸步难行。

对于政府看得见的手，不仅所有的监理企业都有清醒的认识，而且希望拉得更紧。如去年上海市建设工程咨询行业协会严会长带队走访调研七家监理、造价、招标代理企业的转型发展情况，在谈到如何应对困难时，七家企业不约而同地把眼光聚集在政府身上。如针对社会项目推行非强制监理问题，这些企业提出“建议政府建立一套相对完善的配套措施，如整顿和规范监理市场，实施市场清出制度，监理服务内容做到多样化和差异化”。

新常态下需要监理企业站在文化高地审视困境。上述企求反映大多数监理企业的现状，事实上监理企业存在这样那样的问题，单靠企业自身难以解决，需要政府大力“出手”，找政府完全正常。然而，如果有问题光找政府而没有更积极、更主动地找市场，那就不是新常态下的正常情况。现在随着强制监理和政府定价范围的逐步缩小，对监理企业来说需要尽快与市场这只“看不见的手”握手和携手，为此不仅要有行动——为建设方提供有企业特色的监理服务，使市场需要本企业的服务，更要有清醒的意识——站在文化的高度来认识市场、适应市场、参与市场竞争并逐渐取得主动权。文化属于观念范畴，虽然同样也是看不见摸不着，但客观存在。用看不见摸不着的文化应对看不见摸不着的市场是化解困难的高招，也是新常态下必然的选择。电视剧《木府风云》中明代大旅行家徐霞客说过“金矿总会掘光，但文化是开采不尽的”，反映了文化的重要性。我们要通过企业文化建设增强企业的凝聚力和美誉度，从制度管人到文化管人，真正发挥每位员工的聪明才智和创造性。在精神文化层面梳理理论识别系统、使命和价值观，分析我们是谁，企业使命是什么，通过努力能达到什么，并对此进行有效的宣传。在制度文化层面提出具体的目标。在行为文化的层面与全体员工密切相关，明确要做哪些事情，并开展安全文化、执行文化、团队文化、服务文化和廉政文化的宣传教育。同时结合公司发展战略，党、政、工、团齐抓共管，制定切实有效的措施。

同时我们还要向同行中的标杆学习先进的文化理念。在监理同行中有许多标杆，如上海明方复兴造价咨询事务所有限公司适应市场需要多方位开展业务，避免在市场经济中“一棵树上吊死”；敢于与狼共舞才能比狼强壮；发展不忘同仁，并惠及同行。又如上海同济工程项目管理咨询有限公司的文化创造价值，实行“一个中心（同济在，企业在）”、“两个基本点（自强不息，同舟共济）”、“四项基本原则（团队精神，正义公平，以人为本，市场导向）”等。

对于化工监理企业所遇到的特殊困难——因化工项目建设阻力大导致监理企业“毛多皮少”情况，我们也要有清醒的认识和积极的行动。虽然监理在项目前期加入有一定难度，但只要有可能就要提醒或参与建设方或未来的业主的项目环境评价、安全和社会影响评价，知道做得怎么样，是否走了规定的程序。这些程序不是应付政府和上司，而是切切实实地发现存在或潜在的风险，并提出切实有效的措施消除居民的困惑和潜在的危险。更重要的是监理进场后要按照法律法规和合同的要求，认真进行设计交底和图纸会审工作，运用监理丰富的化工知识和项目管理知识，发现可能存在的安全、环境和质量隐患，通过业主请设计院完善修改。在施工过程中，监理要严格审查施工组织设计和专项施工方案，该检查的要检查、该提出的要提出、该阻止的要阻止、该报告的要报告，为业主服务，想公众所想，不仅专业更要敬业，做一个项目成功一个，从而把监理放在新常态中、实现监理项目的新常态。相信在监理的配合和努力下，类似漳浦古雷镇 PX 事故的风险会大大减少，公众对化工项目的疑惑也会逐渐减少，从而给化工监理企业的活动提供更广阔的天地。

行文至此我们再回到开头的鲁布革水电站，它是中国第一个利用世界银行贷款兴建的大型水电站，其建设多渠道利用外资，多层次聘请外国咨询专家，引进先进技术和管理经验，采用国际招标方式，引进国际通行的 FIDIC 工程咨询制度，开创了中国水电站建设中质量高、速度快、造价低的新局面。FIDIC 的服务范围覆盖了国民经济和社会发展的各个领域，贯穿投资建设项目的决策、准备、实施、运营全过程，包括规划咨询、投资机会研究、可行性研究、评估咨询、工程勘察设计、招投标咨询、工程和设备监理、工程项目管理等。它本可以作为一个整体引入中国，但由于我国行政管理的原因，被分割成国家发改委管辖的工程咨询、住建部的建设监理、质监总局的设备监理，以及其他部门的行业监理，颇有点“三家分晋”的味道（公元前 376 年中国春秋末年，韩、赵、魏废除晋静公，前 403 年周威烈王正式承认韩、赵、魏三家为诸侯，战国由此开始）。然而工程建设本身是一个有机的整体，FIDIC 系列文件已覆盖我国工程建设从前期到施工的全过程，如《业主 / 咨询工程师标准服务协议书》（“白皮书”）可用于投资前研究、可行性研究、设计及施工管理、项目管理；《电气和机械工程合同条件》（“黄皮书”）可用于电气及机械工程（包括现场安装）；《土木工程合同招标评标程序》则用以指导工程项目的招标工作。现在随着政府简政放权，强调市场在资源配置中的决定性作用，中国经济进入新常态，各部门的咨询、监理行业会不会重新合并成一家，犹如“三国归晋”（公元 263 年，邓艾与钟会分别率军攻打蜀汉，最后邓艾率先进入成都，灭亡蜀汉；265 年即魏咸熙二年，司马炎代魏称帝，建立晋。280 年西晋六路并进，灭亡东吴，魏蜀吴三国归晋，天下一统）。当然此“晋”、此“魏”都不是 680 年前的晋和魏，只不过巧合而已，但人们仍可体会“天下大势，分久必合，合久必分”的味道。

不要小看工程咨询、监理行业的分分合合，它关系到中国的新常态。2008 年 FIDIC 魁北克年会上，大会主持发言人指出，在过去的 150 年人类的寿命增长了一倍，并不像社会公众通常理解的主要是由于医学发展的作用，而是由于工程师解决了世界范围内清洁水源、净化污水以及安全运输系统等问题，提高和保障了人们的生活质量。笔者深信新常态下的监理适应市场经济的发展将为中国的繁荣和富强作出更加重要的贡献。

新形势下监理企业发展与转型的思考

连云港连宇建设监理有限公司

随着国家投资结构的调整和对环境进行的治理，化工项目投资趋缓，房地产开发降温，政府性楼堂馆所停建，收费政策调整，监理市场明显萎缩。监理企业竞争越来越激烈，绝大多数工程监理企业都感觉新建项目少了，监理越来越不好做了。新形势下，工程监理企业该怎么办，以后的路该怎么走，是工程监理企业不得不思考的问题。本人结合目前的监理现状谈一些个人想法，仅供同行参考。

一、工程监理存在的问题

1. 价格竞争主导着监理竞标

从监理行业的发展看，实行建设工程监理招标制，引入竞争机制是正确的。但是，我国工程监理业务主要集中在施工阶段监理，较低技术含量之间的竞争必然导致相互压价；建设单位设置无下限低价中标，低报价已成监理竞标的重要手段。很明显，监理费低，最终导致投标人员不能到场，实际到场监理人员的素质偏低，服务质量下降，影响工程监理效果。

2. 监理人员素质不高、地位尴尬、责任重大

回想监理行业发展的过程，在国家推行监理制度，实行强制监理初期，监理企业快速膨胀，导致监理行业门槛降低，部分素质不高甚至有悖监理职业道德的人员进入监理队伍。又由于监理行业待遇差，只有责任而没有权力和利益，地位尴尬，部分高智能人才不愿从事监理工作，导致不少高素质监理人才外流，更难以引进。

长期以来，建设单位作为项目管理的主体，掌握工程建设的控制权。实行工程建设监理制度后，建设单位和施工单位对工程监理制度认识不足，对监理工作不支持、不配合，甚至干预或阻碍监理的正常工作；有的建设单位名誉上给监理授权，实际上不放权，造成监理单位的责、权、利失衡，监理作用难以正常发挥。监理人员有责无权，难以对项目施工过程实施有效的管控。虽然监理制已推行 20 多年，监理行业对我国的社会经济发展作出了巨大贡献，但是工程监理的定位仍然不够明确，监理职责界定不够清晰，甚至有些监理工作和监理责任存在争议。尽管如此，有些建设行政主管部门的管理人员在不懂监理业务、不懂专业技术的情况下我行我素，随意指令，干扰监理人员独立公正履行职责；他们到现场检查时，不管监理作为还是不作为，先批评或训斥监理，责任向监理倾斜，监理风险加大，导致监理不知所措，方向迷茫。监理是建筑行业的弱势群体，需要政府的关心、理解和支持，更需要来自政府的正能量。

3. 监理行业管理有待加强，监理市场有待进一步规范

目前，监理企业资质、个人资质、行业准入等依然是政府管理。但是，针对企业违法违规、挂靠、低价竞标、阴阳合同、地方保护、总监不到位、监理责权利失衡等现象，政府似乎没有更好的监管和解决办法。

4. 监理企业内部管理水平不高

由于监理行业僧多粥少，竞争激烈，取费低下，收入不高，为了节省开支，多数企业领导不得不掐着指头过日子。因此，对外是打肿脸充胖子，内部管理则有心无力。个别监理企业内部检查流于形式，

考核和奖惩制度不能兑现，设置的部门难以正常运作，人员培训和继续教育机制不能落实，造成部分监理人员不求上进，工作敷衍，服务质量下降，其结果是制约企业发展，监理行业的声望难以提高。

二、适应新形势，推进监理行业稳步发展与转型发展

1. 优化人员结构，提高人员素质，做好企业稳步发展或转型的人才储备

每个企业领导都很清楚，企业发展需要人才，企业转型升级更需要人才。人才从哪里来？一方面靠引进，一方面靠企业自身培养。引进人员应抬高门槛，实行严格的试用制度，好则留下，不行则走人。从目前监理行业发展情况看，社会上技术水平高、业务能力强的高端人才不愿意从事监理工作，企业自身培养比较现实。企业可根据资质范围和需要从高校引进人才，有针对性地聘请社会专家进行专题讲座，公司上下所有人员应养成学习的风气，有目的地培养专业带头人，建立专业人才库。无专业、不学习、混日子、懒得动、不干事、自律性较差甚至缺少职业道德的监理人员，应逐步清出监理队伍。总之，监理企业应建立和完善人才培养体系，不断提升监理队伍整体素质，优化人员结构，做好企业稳步发展或转型发展的人才储备工作。

2. 加强监理企业自身建设，提升企业竞争力

监理企业要想发展壮大，提升企业竞争力，必须加强自身队伍建设，建立起管理能力全面、专业配套、技术完备、年龄结构合理、有活力、有凝聚力、有战斗力、业务能力强、有服务理念和强烈责任感的监理队伍；要建立现代企业制度和用人机制，能留住人才，能引进人才，能激发人的积极性，能调动人的主观能动性，要让职工有主人翁意识，有家的温暖。当今，建筑技术高速发展，建筑材料更新换代，监理人员要不断学习和积累。譬如，我公司通过对大型化工项目监理和大型综合建筑项目监理，已建立了稀缺建筑材料库、新型材料库、常用材料库、设备库、国内材料和国外材料性价比对库等，既为公司的竞争性谈判提供帮助，也为建设单位提供信息。别人有的我强，别人没有的我有，别人想不到的我能想到，企业必然会有竞争力。

3. 坚持诚实守信，为项目建设各阶段提供优质服务

诚实守信是合作的基础。监理企业只有得到建设单位足够的信任才能得到其充分授权，只有得到建设单位的认可才能得到项目监理委托。但是，现在却有个别监理企业投标一班人马，干活一班人马；个别项目总监长期不到位，弄虚作假，欺骗建设单位，而有的总监根本就是挂靠；个别监理企业人员不能履行监管责任、不能帮助业主解决问题、不能恪守职业道德等。这些企业虽然一时占了便宜，却严重影响监理行业的整体口碑。要想得到社会和业主的认可，提升行业形象，只有老老实实做事，正确处理监理过程中面临的复杂问题，适应建设单位的要求，跟上建设单位的节拍，兑现合同承诺。2014 年 8 月 25 日，住房和城乡建设部印发了《建筑工程五方责任主体项目负责人质量终身责任追究暂行办法》(以下简称《办法》)，《办法》明确在工程设计年限内，项目负责人承担相应的质量终身责任，体现了国家对工程质量的重视，这也是老百姓需要的。《办法》对监理单位和总监理工程师责任追究是严厉的，不管责任人是调离原单位还是已经退休，都要依法追究其质量责任！作为监理，难道还不该警醒吗？笔者认为，总监选择和项目监理机构人员配备极为重要，机构人员应有团队精神，总监应有责任心、事业心、服务意识和过硬的业务能力，监理企业应根据项目重要程度、难度和风险等配备各专业明白人，应保证机构人员能把工作做好！如果每一个项目的质量、进度、投资、安全都能得到很好的控制，业主满意，社会认可，企业信誉自然会提高，监理行业也就不愁发展。

4. 鼓励工程监理企业发展壮大

1997 年 11 月 1 日，第八届全国人大常委会第二十八次会议通过了《中华人民共和国建筑法》。《建筑法》明确国家推行建筑工程监理制度，国务院可以规定实行强制性监理的建筑工程的范围。2001 年 1 月

17日，原建设部发布了《建设工程监理范围和规模标准规定》(建设部令第86号)，规定了强制实行建设工程监理的范围，使建设工程监理制度成为建设领域必须实行的制度，这也是根据我国国情对工程建设管理的重大改革。实践证明，工程监理制度的推行，在保证工程质量、加强安全生产管理、提高投资效益等诸多方面取得了显著成效。当然，面对新时期经济发展的需求，工程监理制度还需要完善，工程监理还存在不少问题需要解决，但是，国家推行建筑工程监理制度，划定强制性监理范围的政策是符合我国国情的，工程监理的贡献也是毋庸置疑的。

2014年年初国家有关部委有意改革强制性监理制度，鼓励经济发达地区试点缩小强制性监理范围，同时将对民营投资的房地产工程取消强制性监理制度。消息的发布对本就低迷的监理行业无疑是沉重的打击！国际工程咨询涵盖了与工程建设相关的政策建议、项目管理、工程服务、施工监理、设备采购等多个方面。最早的FIDIC咨询模式是1913年由欧洲的咨询工程师协会创建的，至今已有百年的历史。我国的工程监理是1988年试点，1996在工程建设领域全面推广，至今也就20多年。国外搞了100多年，发展得很好，我们搞20多年，虽然我们的监理行业还存在这样或那样的问题，全是监理自身的问题吗？当然不是！工程建设领域走在改革开放的前沿，绝大部分国有或集体建筑公司改为私有，派生出一大批包工头，大部分包工头是好的，也有部分黑心包工头，他们一心想着赚钱，偷工减料，忽视工程质量。试想，在过去的大建设和大开发进程中，如果没有强制性监理，工程质量会是什么样？再想，在没有工程监理的情况下，一个黑心开发商和一个黑心包工头所开发出的项目，是否还有人敢住？楼裂裂、楼歪歪、楼倒倒、罐爆爆、化工厂有毒气体泄漏等现象会不会更多呢？目前，我国工程建设领域的法规、标准体系、诚信体系和监管体系建设等还不够完善，对工程监理的正面报道还太少。笔者在想，如果取消强制性监理是否有点操之过急或是矫枉过正？我们不能回避工程监理制度实施中存在的问题，更不能以“取消”了之！而应面对现实，有针对性地解决问题，根除不利监理行业发展的弊端，给工程监理创造良好的环境，鼓励监理企业发展壮大，让工程监理发挥更大的作用。

5. 推动工程监理企业转型升级

本人曾参与过某大型化工项目监理，业主在委托监理的同时也委托一家国外公司进行项目管理，但是，项目管理现场配备人员绝大部分是从国内临时招聘的，由于项目管理不受法律法规的约束，人员的技术水平、业务能力、整体素质等还比不上监理呢！这个案例告诉我们：(1)建设单位需要高端服务，施工监理服务已满足不了需求。(2)不应过于崇拜国外项目管理，要相信中国人的智慧和管理能力。怎么办？监理企业必须转型升级，探寻一条适合我国国情的建设领域管理道路，以适应经济社会发展的需求。

工程监理企业转型升级也是深化改革的必走之路。我们支持工程监理企业转型发展，支持监理企业拓展业务范围，有条件的监理公司可以向项目管理转型，可以向集成型企业转型，可以开展EPC模式下的管理业务等，但是配套的法律、法规应及时跟上。本人思考，是否可以把监理企业转型发展作为监理企业提升的一个台阶，借鉴国外做法，由政府制订相关的法规和标准，彻底明确建设单位、施工单位、管理单位的责权，消除模糊概念和分歧，严肃责任后果，依法推进。让少部分大、中型具备条件且达标的监理企业先转型、先试点，待试点成功，条件成熟后再有条件地放开。让综合实力有限的小型且不具备向高端转型条件的监理企业继续立足发展施工阶段监理业务，为建设单位提供施工监控服务。总之，在没有明确发展方向和发展目标，没有法律约束的前提下，监理企业转型升级绝不可一刀切，更不能一哄而上。

三、结束语

国家推动监理制度改革，对于监理行业转型升级既是挑战也是机遇。在新的政策出台之前，我们仍然要做好监理本职工作，同时也要做好转型发展的各项准备。

工程监理企业要积极投身质量治理实践

江苏伟业项目管理有限公司　薛青

摘　要： 工程质量治理两年行动[1]正在全国如火如荼地进行，工程监理企业必须在行动中有所作为。笔者围绕宣传教育、制度建设、工作落实等方面，谈了自己的一些看法。

关键词： 质量治理　监理企业　教育实践　看法

2014年6月份开始，住房城乡建设部出重拳、动真格抓建设工程质量。相信两年的治理行动，会使建设工程质量的总体水平有一个大的提升，但这只是一个宏观的改变，落实到微观上，改变达到何种程度，还有待于各工程参建单位的质量治理实践。对于我们监理企业来说，最重要的就是要通过宣传教育，使每个员工将质量意识内化于心；通过制度完善，使质量管理固化于制；通过抓好工作落实，使质量管理外践于形。只有这样，质量治理两年行动才能达到理想的效果。换句话说，即使两年行动结束了，我们的员工也不会因为它的结束而放松质量管理。

一、不断强化宣传教育，使质量意识内化于心

员工质量意识的形成不是一朝一夕的事，需要我们企业不断加强宣传教育，使质量意识变成员工的潜在思维，在头脑中深深扎下根。

1. 开展质量管理教育

质量管理作为建设工程监理企业不可或缺的一部分，一直以来受到各个企业领导的高度重视。据笔者所知，凡是上一点规模的工程监理企业，基本都通过了ISO9000质量管理体系认证，并且每年都通过认证审核。在质量治理两年行动的大背景下，质量管理体系培训作为企业质量管理理念宣贯及推进的一项重要举措，应当被列入员工培训计划，作为一项重要培训内容付诸实施。配合两年治理行动，有关监理企业都应结合自身工作的实际，组织员工开展质量管理体系培训，详细对与质量管理有关的专业业务规范进行宣讲，包括质量手册、质量目标分解考核规定、监理部作业文件、岗位任职要求和职责等。在培训过程中，要将企业在历年质量审核中遇到的问题交由员工讨论，鼓励员工提出相应的防范和避免措施。培训要着重突出“质量管理”这个中心议题，引导员工严格执行工程建设法律、法规和强制性标准与专业业务规范，依照合同认真负责地开展工程监理工作。

2. 开展职业道德教育

笔者认为，要使质量治理达到预期目标，就必须从提高员工职业道德水准，规范员工执业行为抓起；必须全面提升员工的业务技能，不断改善服务质量和服务水平；必须排除影响工程质量的各种干扰因素，使每个员工充分认识到本职工作的社会意义，形成强烈的责任感和自豪感。可以这么说，对员工开展职业道德教育是质量治理的重要举措之一。一是要组织学习职业道德规范。将学习本行业职业道德规范同学习法规政策、行业标准结合起来，使大家对本行业的职业道德规范、法规政策、行业标准了如指掌，牢记于心，并在工作中自觉加以体现。二是要组织职业技能培训。安排专业技术工程师分专题开展职业技能培训，使广大员工熟练掌握业务知识，在提高业务技能的同时，不断改善服务质量和服务水平。三是要组织廉洁自律教育。教育员工处理事情要客观公正，不受外力影响，如实反映客观情况，公正处理本职业务。自身行为要廉洁自律，任何时候都严格要求自己，廉洁清正，不接受有影响或者可能影响其行为的任何宴请、馈赠等，不做可能影响公平公正执业的事情；面对矛盾和问题要无私无畏，坚持以公众利益和业主合法权益作为明辨是非、得失取舍的标准。

3. 开展诚实守信教育

质量优劣是建立在诚信基础之上的，一个诚信的企业在工程质量上是不打折扣、不弄虚作假的。当然，企业的诚信首先应该是员工的诚信，只有全体员工的诚信，才能构建企业的诚信。因此，对员工进行诚实守信教育是质量治理的必然要求。如何进行诚实守信教育呢？笔者认为，除了传统的课堂教育、专题讨论之外，还必须做好三方面工作。一是通过活动推进诚信制度建设。诸如通过“讲诚信、比服务、争先进”活动，引导员工以诚信执业为核心，以改善服务为重点，以争先夺奖为目标，在企业内部形成“人人讲诚信、个个比服务、全员争先进”的浓烈氛围。活动容易激发员工的兴奋点，容易调动员工的积极性。当诚信成为员工的潜意识时，完善企业诚信内部管理制度就是顺理成章的事了。作为企业还可以顺势而为，以重点监管为切入点，组织员工开展质量诚信承诺活动，及时向社会公布质量信用承诺，接受社会监督。二是开展企业质量信用评定。我们盐城市多年前就对涉企中介机构进行信用评价星级评定[2]。对于个人，也在监理行业推行监理员诚信手册，监理人员在履职过程中出现不诚信行为，都将被记录在案，并且半年一考核，一年一评价。笔者以为，这一做法可以普及全省乃至全国所有监理企业。同时，应积极构建监理企业质量信用档案数据库系统，及早将监理企业及其人员的信用评价输入数据库，在整个监理行业形成质量信用评价公开机制，鼓励和支持重质量、讲诚信的企业发展壮大，使违法失信企业与个人付出应有的成本。三是加强企业诚信文化建设。以企业诚信体系建设为载体，以质量法制意识和质量诚信意识教育为主要内容，加强企业质量诚信文化宣传和教育，引导、推动企业和员工弘扬诚信传统美德，增加企业法制意识、质量意识、责任意识、诚信意识，逐步形成“诚信至上、以质取胜”的企业质量文化。

二、健全完善相关制度，使质量管理固化于制

质量治理两年行动是一项阶段性的工作，而提高工程质量是一个永恒的主题。工程监理企业只有在短期内建立和完善相关制度，使短期行为长期化，才能实现质量治理工作根本目的。

1. 健全完善工程质量标准

这里所说的工程质量标准，就是将标准化工作引入和延伸到监理工作中来，它是监理企业全部标准化工作中最重要的组成部分。其内涵就是监理企业在实施工程监管过程中，要自觉贯彻执行国家和地区、部门的质量法律、法规、规程、规章和标准，并将这些内容细化，依据这些法律、法规、规程、规章和标准制定本企业质量管理方面的规章、制度、规程、标准、办法，并在企业工程管理工作中全过程、全方位、全天候地切实贯彻实施。健全完善工程质量标准，是从源头上解决工程质量问题的

有效方法。如果笔者没记错的话，2014年年底，在中国建设监理企业创新发展经验交流会上，杭州信达监理公司曾介绍这方面的经验[3]，他们的经验其实就是一句话，用标准化的努力构建专业化的监理企业。他们将大量的房屋建筑工程相关规范转化为便捷的表格，方便一线监理人员使用。只要监理人员按照表格逐一打勾，即可完成基本的检查流程。他们进行标准的可视化尝试，将质量控制标准直观地呈现出来，并得到了建设单位、施工单位和监理人员的积极响应。他们注意培养员工的标准化意识，督促员工在监理实践中开展标准化管理动作，鼓励员工收集、整理有关资料，为标准化提供素材，帮助员工将工作中的创新举措总结提升为标准，鼓励青年员工参与企业标准的编制、改进工作。杭州信达监理公司的标准化经验，值得我们所有监理企业借鉴。我们应当借助质量治理两年行动的东风，积极组织工程质量标准的编制。当然，开展质量标准化工作是一项具有长期性、艰巨性、复杂性的系统工程，我们不能毕其功于一役。我们既要借鉴他人的成功经验，又要结合本地、本单位的实际，有的放矢、循序渐进地推进质量标准化建设。首先要考虑施工现场的质量标准化工作。从方案审查开始，到竣工验收结束，能编制标准的都编制标准，以标准为工程质量提供保证。其次要考虑技术创新因素，积极开展标准化改进工作，使标准不断完善，提高施工现场监管的集约化、标准化水平。另外，就是要考虑质量标准化为参建各方接受的问题，使质量标准化得到普遍运用。

2. 健全完善质量责任机制

全国质量治理两年行动六大重点之一，就是全面落实工程建设五方主体项目责任人的终身责任制。五方主体项目责任人主要是参与工程项目的勘察单位、设计单位、施工单位以及建设单位和监理单位。这五方主体，监理单位是其一，落实到具体人头，就是总监理工程师。也就是说，工程项目在设计使用年限内出现质量事故或重大质量问题，总监理工程师难辞其咎。并且，住建部还印发了项目负责人质量终身责任追究暂行办法[4]，对五个主要负责人的职责和终身责任作了明确规定。同时，要求建立与质量终身责任相对应的书面承诺制度、永久性标牌制度和信息档案制度。书面承诺制度，就是要求在工程开工前，五个主要责任人必须签署承诺书，对工程建设中应该履行的职责、承担的责任作出承诺。永久性标牌制度，就是在工程竣工后，要在建筑物明显位置设置永久性标牌，载明五方主体和五个主要人的信息，以便加强社会监督，增强社会责任感。信息档案制度，就是建立以五个主要责任人的基本信息、责任承诺书、法定代表人授权书为主要内容的信息档案。工程竣工验收合格后，移交城建档案部门，统一管理和保存，以便于工程出现质量问题后，能够及时、准确地找到具体责任人，追究相关责任。作为工程监理企业，我们应认真遵照执行。同时，应着力解决一些人错误地认为总监负终身责任、将自己置身事外的错误认识，要在企业内部进行责任分解，分别明确总监、总监代表、专监和监理员各自应承担的质量责任，规范监理人员在不同施工阶段的工作职责。要在企业内部建立相应的工程质量监管制度，对监理人员履职情况实施动态考核，确保不同身份的监理人员到岗在位、尽职尽责。要在企业内部建立追责机制，无论是哪个工程出现质量问题，都要对涉及人员进行责任倒查和责任追究，并记入质量信用档案，以此来确保工程质量终身责任的落实。

3. 健全完善质量监督机制

这里所说的监督不是指社会的监督，而是指监理企业内部的监督。目前，除了那些“拎包”的监理公司外，稍大一点的监理公司一般都设有总工室、工程监理部和督查办，其职能就是业务上的指导和质量上的监督。从质量监督的角度看，普遍采用的是定期、不定期检查的方式，而检查的重点又以施工安全为主，资料台账次之，至于工程实体质量也就是走马观花。造成这种局面的原因很简单：安全上一旦出事，监理公司以及项目总监是要受到责任追究的，而且监理公司的社会影响很不好；资料台账工程审计少不了，不建不行；至于工程质量只要过得去就行了。在质量治理两年行动中，监理企业如何针对现状改善质量监督，是一个无法回避的话题。笔者以为，可以从三个方面入手。一是充分利用总监质量终身负责制的制度力量，有效发挥总监的技术优势，进一步加大总监的巡检密度和力度，把好工程质量的第一道关卡。二是开展工程实体质量专题监督。可以由总工室牵头，针对房屋建筑、市政工程质量常见问题，对照标准规范进行重点检查，对检查出的问题，要及时落实整改，并采取措施防止此类问题重复发生。三是创新监督检查方式。改变事先发通知、打招呼的做法，采取随机的方式，对工程质量实施有效监督。每个监理企业都有自己的工作方式，监督检查方式也不尽一致，但最根本的就是使监督检查制度化。要建立完善质量监督机制，并作为监理企业的根本制度予以落实。

三、切实抓好工作落实，使质量治理外践于形

前面讲到的加强宣传教育、完善相关制度，都是工程监理企业内部的东西，也可以说是治本的措施，它是为外部的行动服务的。作为工程监理企业，还需在外部行动上多下一些工夫，使质量治理工作在我们监理身上充分得到展示。

1. 切实抓好问题整改

专项治理本质上是对问题的治理。从监理企业的角度看，要解决质量问题，首先要解决我们监理自身的问题。我们必须发扬动真碰硬的精神，把自身问题解决好，在外部树立起监理的良好形象。一是解决好资质输出和挂靠问题。对监理企业经营范围内的资质证书、员工上岗资格证件进行逐件、逐人核对，确保企业经营范围内的资质证书齐全，全部在有效期范围之内，员工上岗资格证件人证相符，没有外借或外挂的情况发生。凡是有外借或外挂情况的，必须坚决纠正。监理企业要在这次质量治理中做表率，做到不挂靠别人也不给别人挂靠，认真梳理和规范各种分公司和办事处等各个层次分支机构的监理行为。二是解决好监理资源投入不足问题。对在监工程进行回头看，确保所监理的每个项目在人、财、物等方面的资源投入都充足和合理。凡是项目监理机构配备的人员不符合监理合同约定的，或不符合市住建部门编制的《盐城市项目监理机构人员配备规定》[5] 规定的，或岗位任职条件不合理的，一律要补足或进行调整。另外，为项目监理机构配备的检验检测设备和工器具、监理信息化管理系统、通信和办公设施等，也要保证到位。三是解决好总监挂靠、挂名不履职问题。凡是有外单位挂靠在本单位的注册监理工程师担任总监的，要坚决纠正，也不允许总监只挂名而不履行岗位职责。依据《建设工程监理规范》GB 50319-2013[6] 的规定，总监理工程师同时最多只能担任三个项目总监。总监理工程师同时任两个项目以上总监的，应根据项目的实际情况，合理分配到各项目履职的时间。总监不能每天驻工地现场的，应当授权总监代表行使其部分职责和权力。但《建设工程监理规范》GB 50319-2013 规定的不得委托给总监代表的八项工作，总监必须亲自到现场处理，亲自签字，严禁由他人代替签名。总监理工程师必须严格把好工程质量关，严禁与建设单位或者施工单位串通弄虚作假、降低工程质量；严禁将不合格的建设工程、建筑材料、建筑构配件和设备按照合格签字。

2. 切实抓好质量自查

2014 年底，住建部对部分省份的工程项目质量进行了督查，结果让人瞠目：小到墙面起泡、开裂，大到构造柱严重位移，90 个督查项目，88 个有不同程度的质量问题。我们不需要厘清出现这么多、这么严重的质量问题是谁的责任，参建单位就那么几家，说监理一点责任没有是无论如何也说不过去的。凡监理企业，可能都或多或少地遇到过业主投诉和举报问题。所以，在质量治理过程中，监理企业进行质量自查是很有必要的。所有监理企业都应以积极主动的态度抓好质量自查。坚持把工作做在前面，把质量隐患消除在萌芽状态，把安全事故遏制在始发阶段。质量自查的重点主要是房屋建筑，特别是涉及民生的住宅保障项目以及房地产项目。包括地基基础、主体结构等实体工程质量，涉及结构安全的原材料质量，以及影响使用功能的质量通病等。市政工程如道路、桥梁、给水排水工程等也可作为检查的重点。自查是监理单位进行质量整改的重要手段，可与监

理企业的旬检查、月检查和季度检查相结合。自查的目的是自纠。通过自查发现的问题要记录在案，分析问题出现的原因，探讨问题解决的方案，进而落实责任，抓好问题整改。在工作实践中，监理单位还可以结合质量投诉和举报的处理，进行问题查处。经调查核实确实存在质量问题或质量纠纷的，协调施工单位及时解决住户反映的问题，做到投诉不出户、纠纷不出小区。质量自查还可体现在质量回访上。所有监理企业都应建立工程质量回访制度，并要求施工单位在工程竣工验收交付使用后，制定相应的工程质量回访计划，确定回访时间、数量、方式和处理办法，及时妥善解决好住户在使用过程中出现的质量问题。

3. 切实抓好质量控制

从现状看，大部分监理企业还是以施工阶段监理为主。对施工阶段进行质量控制，是监理在质量治理过程中最积极、最有效的举措。搞好施工阶段的监理，关键是要根据时间节点，做好事前、事中和事后的质量控制工作。一是抓好事前控制。事前控制是事中控制的基础，是实现质量控制目标的前提和保障，是项目监理机构开始进行监理的重点工作。因此，切实做好事前控制工作，把质量问题消灭在萌芽状态势在必行。监理人员要认真审查施工方提交的施工组织设计，督促施工方对不足之处进行修改、完善，然后检查落实，从而达到事前控制的目的。同时，要搞好图纸会审、测量复核和材料检验等工作，最大限度地避免施工中出现失误。并且要认真处理设计变更相关事宜。设计变更最好在开工之前就发现，或在施工之前变更，防止拆除造成的浪费。二是抓好事中控制。事中控制是工程项目监理部进行监理的关键工作。事中控制的主要内容包括：质量资料和质量控制图表真实性、完整性和科学性；设计变更和图纸修改合理性；施工作业的规范性和检查科学性；单元工程、分项、分部工程和各项隐蔽工程的检查和验收合理性；原材料、半成品试验与抽检的科学化；组织质量信息反馈的先进性。事中控制的时间长，工种多，干扰多，难度大，是监理工作的主体。监理人员要充分利用旁站、巡视检查、见证取样检测和平行检验等手段，对重要部位或有特殊工艺要求的部位施工进行全天候、24小时跟班旁监，以便发现问题及时处理。对关键路线、关键部位进行巡视与抽查。对进场的材料、构配件和设备进行平行检验、见证取样，严禁不合格的材料用于工程中，避免日后出现质量问题。三是抓好事后控制。事后控制的重点是确保每个产品合格，并把不合格产品及时反馈给设计单位和施工单位进行设计变更或返工、整改。监理人员要严格按检验批、分项、分部（子分部）工程进行质量验收，并进行质量评价。对施工中存在的质量缺陷或重大质量隐患，通过总监理工程师及时下发工程暂停令，要求施工单位停工整改，并配合有关单位及时提出解决的方案，将问题处理，从而既保证工程质量又不影响工程进度，避免不必要的经济损失。要做好建筑通病的事后控制工作，如雨后渗漏、墙体裂缝等。

四、结束语

住建部制定的《工程质量治理两年行动方案》[7]中明确提出了“进一步发挥监理作用”的要求，这赋予了监理单位和监理人员崇高使命和光荣任务，也是对监理单位和监理人员的一次“大考”，我们一定要不辱使命，敢于担当，在工程质量治理实践中充分发挥作用，为保证工程质量和提高工程投资效益作出自己应有的贡献。

参考文献

[1]《全国工程质量治理两年行动电视电话会议召开》中国建设报，2014年9月5日，头条
[2]《盐城市中介机构信用评价办法》盐政服[2011]18号文件
[3]《用标准化的努力构建专业化的监理企业》中国建设监理企业创新发展经验交流材料，中国建设监理协会，2014年11月
[4]《建筑工程五方责任主体项目负责人质量终身责任追究暂行办法》中国建设报，2014年9月11日，要闻2版
[5]《关于进一步加强全市建设工程监理管理的若干意见》附件1，盐城市项目监理机构人员配备规定，盐城市建设局文件，2010年2月21日
[6]《建设工程监理规范》GB 50319-2013，中华人民共和国住房和城乡建设部、国家质量监督检验检疫总局联合发布，2013年5月13日发布
[7]《工程质量治理两年行动方案》建市[2014]130号，住房城乡建设部网站，2015年7月13日

在中国建设监理协会化工监理分会工作会上的讲话

中国建设监理协会　王学军

各位领导、同志们：

上午好！很高兴与修璐副会长一起来参加化工监理分会工作会议，对会议的召开表示祝贺，会议内容很丰富，涉及审议分会总结报告、工作条例、工作建议、增补副会长、发展会员等议程，还有长沙华星建设监理公司等五家单位要进行会议交流发言，他们将就开展项目管理、做专做强监理工作等介绍经验。从交流材料看，作了认真的准备，尤其是在新的形势下，监理行业如何适应市场经济规律、如何健康发展，思考和研究还是比较深的。从价值规律入手，分析了行业发展存在的问题，提出了解决问题的思路及办法，希望对大家有所启发。

从全国监理行业统计数字看，化工石油工程有监理企业 151 家（化工行业监理企业 60 余家）。其中，国有和国有独资企业共 34 家，占企业总数的 22.5%，国有成份比较大；综合资质企业 7 家，占全国综合资质企业数的 6%，实力比较雄厚；从业人员 33956 人，占全国监理从业人员的 3.6%；14 个专业从业人员数量居第四位，31 岁以下的人员占 64%，队伍比较年轻，发展潜力大；承揽业务合同额 336.5 亿元，占全国监理业务合同额的 13.8%，说明业务量还比较多。应当说化工监理队伍建设，适应国家大建设时期的需要，跟上了时代发展的要求。化工监理分会在引导行业发展、为会员服务、规范会员市场行为、开展业务培训、加强行业诚信建设等方面做了大量工作，取得了一定成效。

下面，我就监理行业形势、监理行业发展、当前协会工作介绍一些情况、谈点个人意见，供大家参考。

一、监理行业形势

（一）国家继续推行工程建设监理制度

20 世纪 80 年代初，国家之所以推行建筑工程监理制度，一是为改变传统的建设管理方式，二是为获得世行贷款支持国家建设，其目的是为了更好地保障工程质量安全和投资效益。自实行工程监理制度以来，监理在保障工程质量安全和投资效益方面发挥了重要作用，这是有目共睹的。我们要坚信建设工程监理制度会不断调整改革和完善。这是因为：一是《中华人民共和国建筑法》、《中华人民共和国招标投标法》、《中华人民共和国合同法》、《建设工程质量管理条例》、《建设工程安全生产管理条例》等法规确立了监理的法律地位和职责；为保障监理制度的施行，制订了《工程监理企业资质管理规定》、《注册监理工程师管理规定》等多项制度，明确了监理企业注册、监理工程师管理；为规范监理工作，先后制订了《建设工程监理合同》（示范文本）和《建设工程监理规范》等。这些法规和制度，只会在市场经济发展中不断完善。二是国家继续实行监理工程师考试制度，而不是水平测试；继续实行监理工程师注册行政审批制度，而不是登记制度。三是监理人员列入了国家职业大典。四是国家处在基础建设快速发展时期，保障工程质量安全，监理是一支不可或缺的力量。每年有近 30 万个工程项目在建设，由于社会诚信环境欠佳，施工单位临聘人员多且素质不高，如果没有监理制度作保障，建设工程质量安全不可能有今天这样好的效果。对此，政府、社会和监理行业的认识是一致的。

（二）监理企业、监理从业人员稳步增加

监理企业增加情况：2012年各类监理企业6605家，2013年6820家，2014年增加到7279家。其中：综合资质116家，占1.6%；房建监理企业5941家，占81.6%；市政监理企业503家，占6.9%；电力监理企业249家，占3.4%；化工石油监理企业151家，占2%；其余11个专业（含事务所资质）319家，占4.5%。

监理人员情况：各类监理从业人员2012年822042人，2013年890620人，2014年941909人。其中：专业技术人员2012年729686人，2013年792609人，2014年831718人；注册监理工程师执业的2012年11.8万人，2013年12.7万人，2014年13.7万人。监理企业和从业人员逐年增加百分之六左右。

（三）监理业务基本稳定、监理收入稳定有增长

2013年全国在建工程项目285508个，监理企业承揽合同额2423亿元；2014年全国在建工程项目292903个（必须实行监理的项目247427个，其他实行监理的项目45476个），监理企业承揽合同额2435亿元，2014年比2013年合同额增加12亿元，增长0.5%。其中工程监理合同额1279.23亿元，与上年相比增长4.09%，监理占总合同额的52.53%。

监理企业收入情况：营业收入2012年1717.31亿元，2013年2046.04亿元，2014年2221.08亿元；从2014年收入看，其中监理占52%，勘察设计占9%，造价咨询6.5%，项目管理占6%，招标代理占3.5%，其他占23%。

监理人均收入情况：人均营业收入，2012年20.89万元，2013年22.97万元，2014年23.58万元；人均工程监理收入，2012年12.08万元，2013年13.2万元，2014年13.7万元；人均监理及相关服务收入，2012年15.86万元，2013年17.45万元，2014年18.01万元。

综上，国家继续推行监理制度，高度重视监理行业发展和监理队伍建设。监理工作基本适应国家建设需要，在保障工程质量安全和投资效益方面发挥了重要作用。各项数据说明，监理行业和监理队伍仍处在稳定发展阶段。

二、监理行业发展

（一）住房城乡建设部重视监理行业发展

2014年5月7日，住房城乡建设部在合肥召开全国建筑业改革发展暨工程质量安全工作会议，提出进一步完善监理制度，分类指导不同投资类型工程项目监理服务模式发展。鼓励政府投资工程建设单位通过购买服务方式选择监理或项目管理服务。研究调整强制工程监理范围，选择部分地区开展放开部分强制监理工程范围的试点，研究制订有能力的建设单位自主决策选择监理或其他管理模式的政策措施。具有监理资质的工程咨询服务机构开展项目管理的工程项目，可不再委托监理。之后，在广东、江苏等地开展试点工作。为促进监理作用的发挥，部里制订下发了《项目总监理工程师工程质量安全责任六项规定》，明确了监理在工程建设中的质量安全责任。全国监理协会秘书长会议已要求将总监六项规定落实到企业，落实到项目。2014年9月，住房城乡建设部召开“工程质量治理两年行动”电视电话会议，提出总监理工程师要与工程建设五方责任主体一起承担工程质量终身责任。今年4月至11月，部组织对工程质量治理两年行动方案落实情况进行检查，每个省抽查六个在建工程项目，重点是学校、医院、商场、办公楼，要对总监理工程师等执业人员执行有关法律法规和工程建设强制性标准情况进行检查。

（二）住房城乡建设部重视监理作用发挥和业务开展

2014年11月27日，市场司召开了“项目管理座谈会”，浙江江南项目管理公司等10家企业代表参加了座谈。部里选定十多家项目管理做得比较好的企业进行项目管理试点。总的思路是，推进监理企业做项目管理服务，拓展监理企业业务范围，开展多元化经营，发挥监理的作用。此项工作正在推进中。加强监理企业资质管理；2014年12月，市场司监理处召开“监理企业资质标准修订座谈会”，部分省市、工业口代表参加了座谈。在征求意见的基础上，今年7

月，再次征求了地方建设主管部门的意见。新修订的监理企业资质标准，总体上有利于监理企业的发展；部里正在研究监理改革发展指导意见。进一步明确监理的定位、权利和责任，调整监理考试报名条件和注册有效期限，探索分级管理的可行性，加强动态监管，推进诚信建设，促进监理企业做优做强。对强制监理范围，将根据市场经济发展需求进行规范调整，此项工作，部已委托有关省正在调研。

综上，建设行政主管部门高度重视监理作用的发挥和业务开展。五方责任主体的确定和总监理工程师质量安全六项规定，确立了监理在工程项目建设中的地位。“项目管理”试点工作的推进，为监理企业拓展监理业务范围、开展多元化经营指出了方向。为促进监理企业适应市场经济发展，不断调整改革完善各项管理制度，其目的是促进监理作用的发挥和监理行业的健康发展。

三、协会工作

（一）指导监理行业应对监理取费市场化

今年2月，国家发改委下发《关于进一步放开建设项目专业服务价格的通知》（发改价格[2015]299号），全面放开实行政府指导价管理的建设项目前期工作咨询费、工程勘察设计费、招标代理费、工程监理费、环境影响咨询费，实行市场调节价。文件下发后，地方协会和行业专业委员会都在积极探索应对办法。从了解情况看，地方协会和专业委员会对如何应对工程监理费实行市场调节价都在进行调研，有的地方协会还拿出了办法。在项目管理经验交流会上，请有关专家就如何应对监理费市场化作了专题发言。因为发改委文件明确规定，任何单位不得截留定价权。中监协会秘书处多次与政府主管部门沟通，并到各地进行调研，在征求副会长和部分专家意见的基础上，起草了《关于指导监理企业规范价格行为、维护市场秩序的通知》，经协会会长会议审议，已印发地方协会和行业专业委员会。该通知提出工程监理企业可根据市场供求、项目复杂程度、监理服务内容、企业管理成本等因素，确定监理价格；地方协会和行业专业委员会，要建立工程监理服务价格收集和发布机制。可对已成交的监理项目、服务内容、监理价格信息或监理项目、监理人员服务价格信息进行采集公布，为社会提供工程监理服务价格信息。对各地采集和发布价格信息好的做法，我们将及时收集、推广，还将在《中国建设监理与咨询》刊物中建立专栏公布监理取费信息。

（二）引导监理企业开展项目管理服务

7月中旬，协会在长春组织召开了“工程建设项目管理经验交流会”，这是因为：一是部里推行监理企业做项目管理；二是市场对项目管理需求在增加。这次会议，郭允冲会长出席并作了重要讲话。对监理行业发展提出了明确要求：一是要加强企业质量安全体系建设，落实项目总监理工程师质量安全六项规定；二是要加大科技投入，全面提升监理行业的技术水平；三是要坚持原则，依法、依强制性规范履行职，保障工程质量安全。修璐副会长作了“关于新常态下建设监理企业面临的机遇与挑战”报告，提出了在新的历史时期，监理行业发展面临的监理取费价格放开、五方责任主体落实、强制监理和市场准入政策调整、行业组织建设等问题，并提出了应对思路。交流会上，请国内外项目管理做得比较好的11家单位或专家介绍了国内外项目管理的做法和BIM技术、信息化在项目管理中的应用及开展多元化经营的经验。大家普遍认为，项目管理是监理业务多元化发展的主要趋势，也是有能力的监理企业经营发展的方向。监理与项目管理一体化服务（综合项目管理）是较理想的发展模式。并对推动和做好项目管理提出了意见和建议，如建议将政府和国有企业投资的项目管理费纳入工程概算，制订并完善项目管理的法规和标准，鼓励监理等工程咨询类企业资质整合以提升项目管理企业实力等。这些建议，我们已向建设行政主管部门作了反映。另外，协会还联系商务部，为有意开展境外监理业务的企业搭建平台。

（三）建立个人会员管理制度

为适应市场经济发展，加强对执业人员的管理，提高监理人员的专业素质和业务能力，培养监理从业人员的责任感和诚信意识，提高注册监理工程师综合素质，更好地为注册监理工程师服务，解决当前注册监理工程师继续教育有关问题，经协会会长会议研究，拟实行个人会员管理制度。8 月 5 日，在贵阳召开了全国监理协会秘书长会议，对实行个人会员制度有关入会程序、收费标准、继续教育方案等进行了讨论。总的思路是，强化对个人执业资格管理，逐步建立注册监理工程师信用体系，提高个人综合素质。个人会员会费不高于继续教育费用，不增加企业负担。不搞一步到位，重点是发展延续注册需要网络学习的监理工程师。计划 11 月份提请会员代表大会审议。

（四）做好宣传工作

一是办好《中国建设监理与咨询》刊物。为加强行业宣传，扩大行业影响，去年与部建工出版社合作出版《中国建设监理与咨询》刊物。这一工作，在地方协会和监理企业的支持下，发展态势良好。从改版后发行的 3 期刊物看，质量还是比较高的，行业反映也比较好。为办好刊物，4 月 23 日，协会召开了《中国建设监理与咨询》通联会，通报了编委会工作情况，研究确定了下半年刊物宣传的方向和主要内容。在地方协会和行业协会的支持下，选聘了 62 名通讯员，健全了通讯员队伍。希望大家给予支持和关心，踊跃撰稿，将企业发展和个人业绩介绍给行业，引领行业发展。二是推广行业好的做法。在全国监理协会秘书长会议上，请北京市、湖南省、江苏省、山西省监理协会分别介绍了为会员服务、做好协会工作的做法和经验。下半年还将请在诚信建设方面做得比较好的协会和企业介绍经验，这项工作正在布置中。希望化工监理企业能总结出有推广价值的经验。

（五）推进行业诚信建设

近些年，国家和行政主管部门高度重视社会信用体系建设。国家提出了社会主义核心价值观，对个人提出了爱岗、敬业、诚信、友善的要求。李克强总理在政府工作报告中提出，要建立社会信用信息共享机制，让受信者一路畅通，让失信者寸步难行。住房城乡建设部提出推进建筑市场监管信息化和诚信体系建设，要求省级住房建设部门要建立建筑市场监管一体化工作平台。我们行业协会、分会、专业委员会要借助政府部门建设的“建筑市场监管平台”资源，推进监理行业诚信体系建设，引导监理企业走诚信经营的发展道路。中国建设监理协会领导集体，也非常重视行业诚信建设，2014 年经协会五届二次常务理事会审议，印发了《建设监理行业自律公约（试行）》，2015 年经五届三次常务理事会审议，印发了《监理人员职业道德行为准则》，今年拟起草《监理企业诚信守则》，希望大家给予支持。

（六）发挥行业专家委员会作用

今年行业专家委员会确定了四个调研课题。一是“非注册监理人员培训”课题。争取解决培训不规范、教材不统一、互相不认可问题。二是“监理企业诚信建设”课题。逐步健全行业诚信体系，引导企业诚信经营发展。三是“综合项目管理”课题。为企业拓展业务范围，开展项目管理服务提供理论支撑。四是“工程监理工作标准”课题。在监理规范的基础上，进一步细化监理工作，力争监理工作规范化、标准化。

（七）正确面对监理行业改革发展

当前监理行业发展存在的问题是现实的，如监理定位不清晰、强制监理范围盲目扩大、监理服务费较低、监理企业资质设置和标准不尽合理、监理资格考试条件高等。这些问题，随着市场经济的发展，必将进行调整或改革，以适应市场经济发展需要。协会将配合行政主管部门，做好监理管理制度调整、改革和完善工作。面对监理管理制度深化改革，协会要引导企业把握市场经济发展规律，做好应对监理管理制度调整或改革工作；引导企业提高诚信意识和适应能力，加强企业内部管理，不断提高从业人员综合素质，加大监理科技投入，发挥自身优势开展多元化、差异化经营，缩小同质化发展比例，抵制恶性市场竞争。引导企业加强自律管理，依靠优质服务，为业主创造价值，赢得市场份额和优等服务价格。

总之，协会这些工作的开展和促进行业发展目标的实现，离不开政府主管部门的支持，也离不开地方协会和全行业从业人员的共同努力，行业发展还面临许多困难，有许多工作要做，让我们携起手来，为促进监理行业健康发展而共同努力。

推行住宅质量潜在缺陷保险机制给监理企业带来的机遇和挑战

上海建科工程咨询有限公司　周红波　魏园方

摘　要： 近年来住宅质量问题已成为最为尖锐的社会问题之一，推行住宅质量缺陷保险机制，将有效解决住宅质量纠纷，保障人民群众利益。质量检查机构作为质量保险制度风险控制的关键机构，目前国内尚未真正建立。而监理机构的职责与质量检查机构最为接近，推行住宅质量潜在缺陷保险机制给监理企业带来新的机遇和挑战。

关键词： 质量潜在缺陷保险　质量检查机构　监理

一、引言

近年来住宅质量问题已成为最为尖锐的社会问题之一，仅2015年上半年，辽宁沈阳等地的居民楼阳台坠落事件、杭州富阳的居民楼倒塌事件等住宅质量问题频繁显现，成了社会关注的热点。面对严峻的住宅质量形势，推行住宅质量缺陷保险机制，将有效解决住宅质量纠纷，保障人民群众权益。

2002年10月，建设部借鉴法国、西班牙等国外的建筑工程质量保险的成功经验，提出在我国现有的建筑工程质量管理体系中引入建筑工程质量保险，并于2005年8月5日与保监会联合发布了《关于推进建设工程质量保险工作的意见》，提出要建立并大力发展建设工程质量保险制度。

2012年8月，上海保监局与上海市建设交通委、上海市住房保障房屋管理局以及上海市金融办等多方协作，联合发布了《关于推行上海市住宅工程质量潜在缺陷保险的试行意见》，要求在工程质量潜在缺陷保险意向书签订之后，保险公司应当聘请符合资格要求的工程技术专业人员对保险责任内容实施风险管理。

目前，虽然上海已经实施了建筑工程质量保险制度，并有了相应的建筑工程质量保险产品，但是质量检查机构作为工程质量保险制度风险控制的重要机构，国内仍然没有真正建立，其相应的工作细节和实施规范等内容都没有确定。监理企业作为目前在建设工程施工现场承担安全、质量监督职能的第三方机构，一旦推行住宅质量潜在缺陷保险机制，将有极大的可能成为住宅质量检查机构的承担主体，这将给监理企业的发展带来新的机遇和挑战。

二、质量检查机构的职责和权利

法国是开展强制性建筑工程质量保险最早和较为成熟的国家，其工程质量检查机构的主要工作是识别设计（包括方案设计和施工图设计）、施工过程中的技术风险，并将其通过专业检测得出的技术风险以检测报告的形式告知业主方及保险公司，从而预防这些潜在风险可能带来的人身及财产损失。综合法国、西班牙、日本、英国、德国关于工程质量检查机构的实践状况，总结得出国内质量检查机构有如下的职责和权利：

1. 质量检查机构的职责

质量检查机构将作为一个非驻现场的机构形式对施工现场的质量情况展开抽查，并形成相关的质量评价文件，其具有以下相关职责：

1）质量检查机构对涉及保险条款保责范围内的住宅工程施工质量进行不定期检查，并对发现的质量问题提出整改建议；

2）对质量检查情况进行打分、评价，并向建设单位和保险公司提供质量评估报告；

3）对检查时发现的质量问题进行追踪，根据施工单位整改情况对工程质量评估报告进行修正评价；

4）对施工过程的每一阶段（地基与基础阶段、主体结构阶段、装饰装修阶段、机电安装阶段）进行阶段质量情况评估，并向建设单位和保险公司提供阶段评估报告；

5）工程竣工验收时需对整个施工过程中存在的质量问题进行跟踪汇总并对其整改情况进行记录和评价，同时结合各阶段评估报告形成最终评估报告提交给建设单位和保险公司，作为保险费率调整的依据性文件。

2. 质量检查机构的权利

住宅质量检查机构根据自身的职责，具有以下两项权利：

1）检查权

质量检查组成员有不定期对住宅工程施工质量进行检查的权利，对检查情况进行打分并形成相应的质量评估报告，提交给建设单位及保险公司。

2）建议权

质量检查组成员对住宅工程质量检查时中发现涉及保险条款保责范围的质量问题时，有建议建设单位通过督促施工单位进行整改的权利，建设单位可以不对其进行整改，但处理结果将会记录到质量评估报告中去，作为保险公司最终费率调整的依据。

三、推行住宅缺陷保险机制给监理企业带来的机遇

目前国内未建立真正意义上的质量检查机构，对比质量检查机构与国内目前承担工程质量责任机构，监理与住宅质量检查机构在工作时间上一致，在质量控制部分的工作内容重合，在业务技术能力上，质量检查机构和监理机构在施工阶段的工作内容也基本相似，而相对来说监理的服务范围显得更加的全面，因此监理机构具备成为质量检查机构的可行性。

国内承担工程质量责任的机构主要有政府部门的质量监督部门、审图公司、监理单位、检测公司，其分析对比见表1。

因政府机构监管资源有限，政府质量监督机构更多偏向于行政审批事项，对项目的建设质量更多的是履行政府整体上的监管职能，不可能完全承担建设实体的质量控制责任。审图公司的业务仅局限在设计审查阶段，而且审查重点是对标准规范的遵守情况，几乎不具有进行施工过程实体质量控制的能力。目前检测公司的业务主要是节点式控制，业务的连续性差，基本上应要求来实施，对质量控制的主动积极性弱。

相对审图公司和检测公司，监理单位基于对建设过程的监督管理和协调控制，积累了更为丰富的施工过程质量管理经验。监理与住宅质量检查机构在工作时间上一致、在质量控制部分的工作内容重合，监理机构具备成为质量检查机构的可行性。

目前监理企业面临监理定位不准确、缺乏实际管理权、监理责任范围无限扩大、监理处罚过重等问题，同时，因监理行业竞争激烈，监理取费过低，造成人才流失严重。而人才又是监理企业的核心竞争资源，较低的取费导致监理企业为了节约成本，仅雇佣少量注册监理工程师或能力优秀的监理工程师，从而使监理服务无法满足业主需求，使监理企业陷入取费低、人才流失、无法

质量检查机构与类似质量监管机构的对比　　表1

机构	工作时间	工作职责	与质量检查机构对比
质量检查机构	施工过程	对质量问题进行定期检查，对质量情况进行评价并出具报告	—
政府质量监督机构	施工过程	验收备案、现场工程实体质量抽查监督	现场工程实体质量监督职能部分重复
审图公司	设计过程	依法审核图纸	基本不重复
监理企业	主要是施工过程	对施工过程安全、质量进行监督，协调各参建方关系	现场质量控制部分重复较多
检测公司	施工过程	专项检查	基本不重复

质量检查机构与监理企业关系处理对比　　表2

方式	优点	缺点
质量检查机构与工程监理单位共存	（1）质量管理控制全面，委托、服务方式相对清晰，两方职责明确； （2）不用对现行法律、制度作太大调整	（1）监理和质量检查机构在质量管理职能上重复较多，会产生极大的社会成本，不利于社会发展； （2）监理公司和风险管理公司的业务交叉，对承包商体系的工作会有一定影响，而且需要协调的工作会相应增加； （3）监理公司委托关系没有改变，其公正性依旧无从保证
质量检查机构取代工程监理单位	（1）质量检查工作无重复，社会福利增加； （2）改变了原监理单位的委托关系，保证质量检查机构能够独立公正地作出质量评价； （3）避免了监理公司和质量检查机构的业务交叉，利于协调工作的实施； （4）由项目管理公司负责进度、投资、合同、信息及各方协调工作，对项目的顺利开展不会造成影响，也有利于综合项目管理机构的培育； （5）监理公司人员一部分进入咨询公司为业主服务，一部分进入质量检查机构，继续进行检查评价服务，原监理人员不会大量失业，从而也不会对社会有强烈的冲击，社会保持稳定	（1）监理取消后导致监理安全管理职能的缺失，可能会导致工程安全风险的增加； （2）对目前的工程法律挑战较大，需对相关法律法规进行修改

满足业主需求、取费更低的怪圈之中，严重影响了监理企业的发展。

因此，一旦推行住宅缺陷保险机制，业务技术水平较高的监理企业可以发展成为质量检查机构。监理企业转变为质量检查机构，可以真正发挥其独立第三方咨询机构的角色，积极促进企业的长期发展。

四、推行住宅缺陷保险机制给监理企业带来的挑战

1. 质量检查机构与监理企业的并存问题

监理单位作为与质量检查机构功能最为相近的机构，要在国内设立住宅工程质量检查机构，面临住宅质量检查机构与原监理机构的关系处理问题。质量监察机构与监理企业的关系包括质量检查机构与监理企业共存、质量检查机构取代监理企业两方面。

1）质量检查机构与工程监理单位共存

该模式下，质量检查和监理分别实施，两者对于质量的管理方法不同，主要目的不同，形成互补。这时质量检查机构的服务对象主要是保险公司，而监理单位仍服务于业主，两者在质量管理上形成关键点抽检方式和驻现场全过程检查方式的互补。

2）质量检查机构取代监理企业

该模式下，监理企业将原质量控制功能转移给住宅质量检查机构，监理改变以质量为主的工作模式，提高自身素质转变为项目管理类型的咨询公司，主要负责进度控制、投资控制、合同管理、信息管理和各方的协调等工作，而这些都是质量检查单位所不能从事的业务。

根据表2的分析，质量检查机构完全取代监理单位，一方面质量检查工作无重复，节省成本，社会福利增加；同时改变了原监理企业的委托关系，保证了质量检查机构的独立性；且符合鼓励监理企业发展为综合型项目管理机构的初衷；优点明显大于缺点，考虑住宅质量检查机构并取代监理。

2. 质量检查机构取代监理后的影响

质量检查机构取代监理单位前后，建设工程的质量监管体系发生了变化，具体见图1和图2所示。

原监理单位存在的情况下，建设工程的质量监管体系如图1所示。

质量检查机构代替监理单位后，新

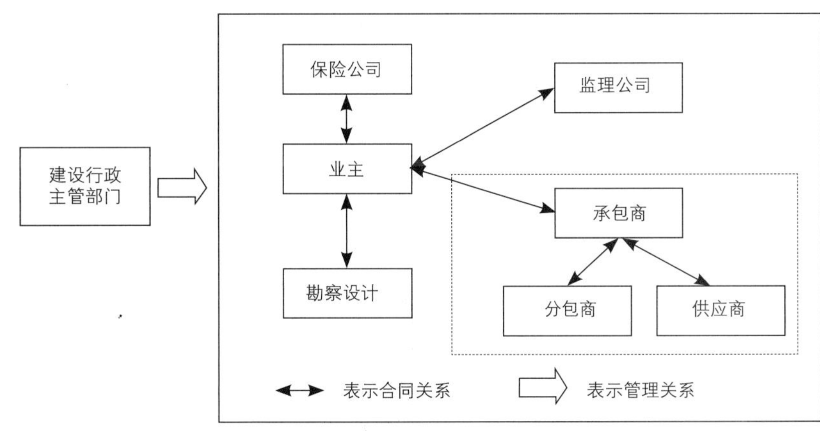

图1　监理模式下的质量监管体系

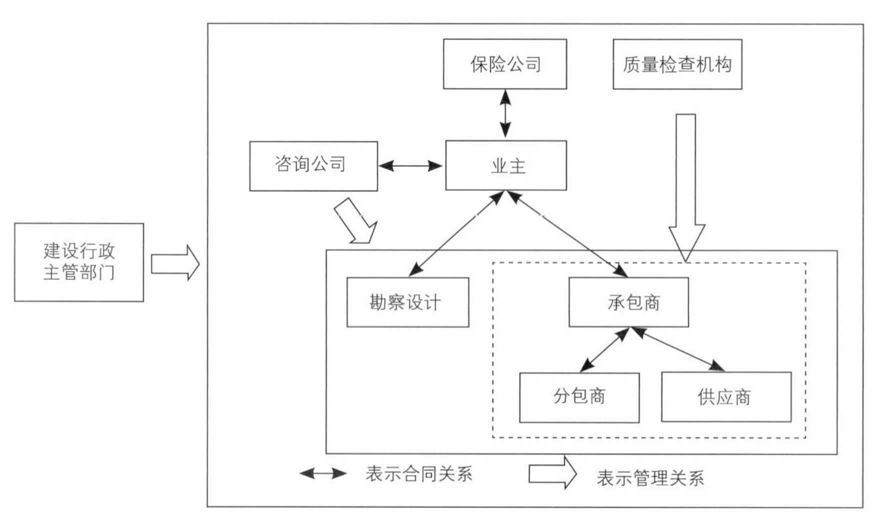

图2　质量检查机构代替监理单位后的质量监管体系

的质量监管体系如图 2 所示。

质量检查机构取代监理后，监理企业将原质量控制功能转移给住宅质量检查机构，监理改变以质量为主的工作模式，提高自身素质转变为项目管理类型的咨询公司，主要负责进度控制、投资控制、合同管理、信息管理和各方的协调等工作。由此，推行住宅缺陷保险机制促使监理企业必须转变自身职能，明确发展方向，提高自身人才优势和资源、能力优势，由单一的监理企业向综合型的项目管理企业发展，这将会对监理企业自身的能力提出较大的挑战。

然而，要在国内设立住宅工程质量检查机构，面临住宅质量检查机构与原监理机构的关系处理问题。质量检查机构完全取代监理单位，一方面质量检查工作无重复，节省成本，社会福利增加；同时改变了原监理企业的委托关系，保证了质量检查机构的独立性，且符合鼓励监理企业发展为综合型项目管理机构的初衷；优点明显大于缺点，考虑质量质量检查机构取代监理。但是质量检查机构取代监理后，监理企业的质量控制职能移交给质量检查机构，监理企业需要转变自身职能，向综合型的项目管理企业发展，这对监理企业自身的人才优势、能力建设等提出了较大的挑战。

五、小结

目前国内没有真正意义的质量检查机构，相比国内其他承担质量监督职能的机构，监理企业积累了更为丰富的施工过程质量管理经验，有资源、有能力成为质量检查机构的承担主体。因此，一旦推行住宅质量缺陷保险机制，将极大地促进监理企业向真正的第三方咨询机构转变，跳出现在监理行业竞争激烈、权责不对等的怪圈，有利于监理企业的长期健康发展。

参考文献

[1]郭振华.法国IDI保险制度的内在机理分析及其借鉴[J].上海保险，2006（4）:60-63.
[2]王挺，周红波，陆鑫.风险管理框架下的建设工程质量管理模式探析[J].建筑经济，2006（5）:31-35.
[3]蒋济同，宋斌，付华.我国建筑工程质量检查机构组建方案探析[J].山西建筑，2009（17）:196-197.
[4]邓建勋，周怡，黄晓峰.引入保险机制的工程质量风险管理模式研究——国外的经验及对我国的启示[J].建筑经济，2008（3）:13-15.

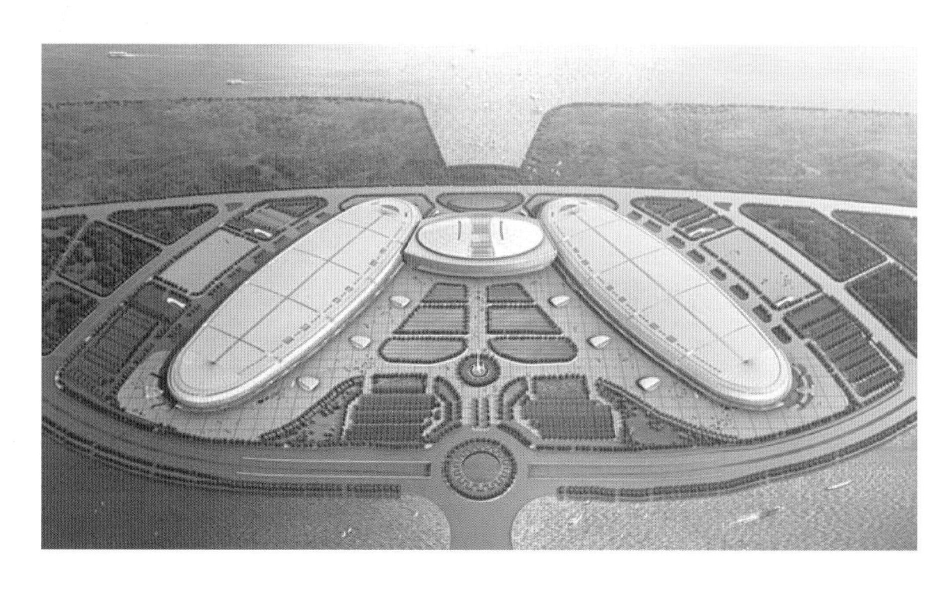

泥浆护壁旋挖钻孔灌注桩后压浆施工监理质量控制要点的探讨

北京双圆工程咨询监理有限公司　黄美淑　刘明学

混凝土灌注桩是桩基工程中近几年使用比较广泛的一种桩型。桩基作为建筑工程地基与基础分部工程的子分部工程之一，是建筑工程质量控制的重中之重。泥浆护壁钻孔灌注桩施工除了钢筋笼加工外，成孔、清孔、钢筋笼入孔、灌注混凝土等均在水下进行，其施工过程无法直接观察，成桩后也不能进行开挖验收，施工中任何一个环节出现问题，都将直接影响整个工程的质量和进度，甚至给建设单位造成巨大的经济损失和不良的社会影响。因此，灌注桩施工监理较房屋建筑工程其他分项工程监理质量控制提出了更高的要求。

下面结合一个桩基工程实例，期望与同行们交流泥浆护壁旋挖钻孔灌注桩后压浆施工质量控制的一些关键性问题，探讨监理控制要点。

一、桩基工程简介

1. 施工概况

工程 ±0=46.100，工程为后压浆灌注桩工程，工程桩桩长 38m（39m），试验桩及锚桩桩长 38m（39m）。

西侧灌注桩施工作业面定于 –14m 位置（约槽底以上 15.0m），该位置为基坑支护工程第 4 道锚杆位置。东侧灌注桩施工作业面定于 –13m 位置（约槽底以上 16.0m），该位置为基坑支护工程第 3 道锚杆位置。工程使用直径 12mm 盘圆作吊筋下放钢筋笼，混凝土超灌至桩顶标高以上 1000mm 位置，上部空孔可待混凝土终凝后填入黏土，吊筋及注浆管随土方开挖逐步切割。工程施工作业面较深，与基坑支护工程衔接密切，需要紧密沟通及配合。工期及施工工艺受施工场地及前置工序影响极大。

2. 设计参数统计

工程桩基设计要求：

1）灌注桩单桩竖向极限抗压承载力标准值 5000kN，桩径 800mm，混凝土设计强度 C40，具体参数见下表。

2）采用桩基后压浆施工技术

根据结构设计要求，桩端进入 12 卵石层不少于 2m，并采用桩底、桩侧后压浆施工工艺。

通过设计方提供的后压浆参数及专家论证会会议纪要内容，确定后压浆桩侧压浆标高桩顶以下 –8m 位置（位于⑧中细砂层、⑨卵石层），桩顶以下 –20m 位置（位于⑩粉质黏土 / 粉土层）及桩顶以下 –29m 位置（位于⑫卵石层）。注浆水泥选用 P.O42.5，注浆压力控制在 1.2 ～ 4MPa，每根桩桩端注浆使用水泥量不小于 3.0t，桩侧分三道注浆管，每道注浆使用水泥量不小于 0.6t，水灰比 0.7:1。

3. 工程地质和水文地质条件

1）工程地质分布特征

根据甲方提供的勘察资料，拟建场地内人工堆积层堆填时间较短，局部存在有机质，土质松散，软硬不均，结构性差，且厚度变化大，工程性质较差。其下一般为第四纪沉积层交互相沉积的除细砂④层级细砂⑦ 1 在垂直方向上分布有所变化外，其余黏性土、粉土、砂及卵石层在水平和垂直方向上分布虽有一定的变化，但变化不大，物理力学性质相对较好。工程场地平坦，工程桩施工主要涉及④细砂、⑤圆砾—卵石、⑥黏质粉土—砂质粉土、⑥ 1 黏土—粉质黏土、⑥ 2 中砂—细砂、⑦卵石—圆砾、⑦ 1 细砂—中砂、⑧中砂—细砂、⑧ 1 中砂—细砂、⑨卵石。⑩粉质黏土 – 粉土、⑪ 细沙、⑫ 卵石。工程桩持力层为 ⑫ 卵石。

桩型	编号	直径（mm）	有效长度（m）	强度等级	数量/根	技术要求
试验桩	SJZ1	800	38（39）	C40	3	后压浆
锚桩	SJZ2	800	38（39）	C40	12	后压浆
工程桩	JZ1	800	38	C40	108	后压浆
工程桩	JZ2	800	39	C40	15	后压浆

2）水文条件

根据勘察报告，场区内实测到四层地下水。第一层为上层滞水，仅部分钻孔揭露，第二层为潜水，第三层为层间潜水，第四层为承压水。

因施工现场在建基坑支护及降水工程，其中降水工程即将投入使用，故工程施工场地不考虑地下水因素，灌注桩成孔考虑地下水及土质因素采用泥浆护壁旋挖钻成孔工艺。

二、分析灌注桩质量控制的关键

1. 灌注桩质量控制关键之一：地基承载力的鉴定从桩的施工程序来讲，在质量控制中，首先确保基桩地基承载力符合设计要求，否则将使桩失效

基桩地基承载力取决于地质构造情况、桩嵌入设计要求的持力层及深度。

主要是从钻孔施工过程来加以控制，观察每孔旋挖钻进过程中挖出的弃碴土质，分析、判断能否满足桩端支承在设计要求的持力层上。

2. 灌注桩质量控制关键之二：桩身强度的控制（在于施工工艺）

地基承载力符合设计要求，如桩身强度不足，桩的承载力亦得不到保证，桩身强度是桩质量控制的另一关键。

桩身强度取决于钢筋笼的制作质量与混凝土质量。钢筋笼的制作检查简单明了；而影响混凝土质量因素则很多，有些是可见的，有些是不可见的。在工程实践中，不少桩由于混凝土质量问题而使桩身强度达不到设计要求，因此桩身质量的控制主要在于控制混凝土的质量。

混凝土的缺陷往往是由于施工工艺不合理引起的，因此必须对桩基工程的施工工艺、质量保证措施进行严格控制，否则起不到质量控制效果，工程验收时，对工程质量如何没有把握，检测出现的问题亦无从分析。

钻孔灌注桩混凝土质量不仅与浇注工艺有关，还与成孔工艺有很大关系。要确保桩孔成孔质量与灌注工艺的合理性，操作得当。钻孔桩成孔质量在于桩径不小于设计桩径，护壁可靠。关系到混凝土质量的灌注工艺主要是：

1）控制好混凝土质量的和易性，防止出现堵管、埋管，引起断桩事故；

2）控制导管埋深2~6m，使混凝土面处于垂直顶升状，不使浮浆、泥浆卷入混凝土，防止提漏引起断桩事故。

3. 灌注桩质量控制关键之三：泥浆护壁旋挖成孔灌注桩孔底沉渣量控制和桩侧、桩端后压浆施工质量的控制

沉渣量的检查对摩擦桩来说，由于其受力机理是通过桩表面和周围土壤之间的摩擦力或依附力，逐渐把荷载从桩顶传递到周围的土体中，如果在设计中端部反力不大，端部的沉渣量对桩承载力亦影响不大；而对于钻孔端承桩，如果沉渣量过大，势必造成受荷时发生大量沉降，同样使桩的承载力失效。泥浆护壁旋挖成孔灌注桩桩侧、桩端后注浆，使得桩端、桩侧土体（包括沉渣和泥皮）得到加固，增大桩侧摩阻力和端承力，从而大幅度地提高单桩极限承载力和减少沉降量。

三、泥浆护壁旋挖钻孔灌注桩后压浆施工监理控制要点

1. 熟悉并掌握钻孔灌注桩施工质量控制依据，监理工作方能有的放矢。

质量控制依据包括：①合同文件；②岩土工程施工勘察报告；③设计图纸及技术要求；④建筑桩基技术规范 JGJ 94-2008；⑤建筑地基基础设计规范 GB 50007-2011；⑥建筑地基基础工程施工质量验收规范 GB 50007-2011；⑦经监理单位总监理工程师审核同意的后压浆灌注桩施工组织设计方案及施工单位结合现场实际编制的深化设计图包括工程桩桩号、坐标、桩顶标高、桩侧及桩端后压浆管布置图、空孔段吊筋图等；⑧工程桩检测试验技术方案。

2. 了解灌注桩施工工艺流程，把握施工工艺过程监理质量控制点

泥浆护壁旋挖钻成孔灌注桩后压浆施工工艺流程为**泥浆配置**、平整场地、**后台制作钢筋笼及安装注浆管、声测管→测定孔位→埋设护筒**→钻机就位→钻进成孔→提钻→第一次清孔→**检孔**→吊

放钢筋笼→**钢筋笼双笼孔口搭接焊、注浆管及声测管接长**→孔口焊接吊筋→下导管→**第二次清孔**→**水下混凝土灌注**→起拔导管→成桩→**桩侧、桩底后压浆**。（黑体字标注为监理复核、检查、平行检验、隐蔽验收、旁站等主要工序内容。）

3. 施工过程质量监控要点

1）测量定位控制

测量定位，是关系到孔位的准确性、钻孔的垂直度以及控制基准面标高准确与否的关键环节，在具体操作中，要采取施工单位自检与总包单位复检及监理人员复核相结合的措施，严格控制其偏差在设计或规范允许的范围内（一般控制在 ±5cm 范围内）。根据设计桩位平面图，使用全站仪测定桩位。在桩位点打 30cm 深的木桩，桩上钉小钉定桩位中心，并采用“十字栓桩法”做好栓桩标记，并加以保护。

埋设护筒，根据测量给定的桩径，按十字交叉定位法钉引线桩，以十字交点（钻孔中心）为圆心以大于护筒半径 50~100mm 的长度为半径画圆挖护筒坑，将护筒置于坑内，复测找正使其垂直、周正，其中心轴线与桩位偏差不得大于 20mm，且保证在整个施工过程中护筒中心与桩中心重合。用水准仪测量护筒顶高程，确保钢筋笼顶端到达设计标高，随后立即固定。护筒埋设检查采取施工单位自检、总包单位测量复核、监理旁站的方法。

2）成孔过程质量监控

（1）成孔过程质量监控程序

①检查孔径、偏位、垂直度、泥浆性能、钻进孔深等施工记录；②钻进时检查地质情况是否与设计相符，与柱状图进行对比，检查是否进入持力层，并对入持力层深度及时确认；③旋挖钻挖出的弃碴土质情况与勘察设计严重不符，要求施工单位暂停成孔作业，联系业主、设计沟通解决；④终孔检查孔深、孔径、标高是否满足设计要求；⑤清孔检查泥浆指标、沉渣厚度是否满足规范设计要求。

（2）成孔过程关键点质量控制

根本上控制钻机成孔质量，关键是要求施工单位选派有经验的钻机操作手。正式施工前先在设计桩位试成孔 2～3 个，以便核对地质资料，检查所选设备、施工工艺及技术要求是否适宜。具体质量控制点如下：

①孔底沉渣控制

孔底沉渣是影响桩承载能力的重要因素，水下灌注桩桩底沉渣厚度设计要求不得超过 100mm。钻孔完毕后，监理人员检查施工单位成孔施工记录，用测绳复核终孔深度；混凝土灌注前要求施工单位用测绳复测孔深及沉渣，若超出设计要求，要求其二次清孔直至监理验收通过；督促施工单位加强施工组织管理，成孔后及时灌注混凝土，减少沉渣时间，以保证桩身质量。

②孔壁坍塌控制

旋挖钻成孔混凝土灌注桩预防孔壁坍塌、串孔必须保证隔孔施工，尤其在成桩初始，桩身混凝土的强度很低，且混凝土灌注桩的成孔是依靠泥浆来平衡的，故采取较适当的桩距对防止坍孔和缩径是一项稳妥的技术措施。施工单位报当天的成桩报验计划时，监理人员要核对待成孔的桩号位置与新灌注完混凝土的桩位的位置关系，发现问题及时要求施工单位调整。

孔壁坍塌另外由预先未料到的复杂的不良地质情况、泥浆黏度不够、护壁效果不佳、钢护筒未按规定深度埋设、孔口周围排水不良或下钢筋笼吊放时碰撞孔壁、钻机手操作不当等因素造成，应高度重视并采取相应措施予以解决。监理人员首先应认真审阅场地工程地质勘察报告，对地层情况做到心中有数；钻孔灌注桩施工前，必须试成孔，数量不少于 2 个，按地层情况调配泥浆、确定施工工艺参数；再则必须严格要求施工单位按规定埋设钢护筒，保持泥浆液面规定高度；要求下设钢筋笼要防止偏斜，钻孔严格按施工操作工艺进行等。

③扩径和缩径控制

扩径、缩径都是由于成孔直径不规则出现扩孔或缩孔及其他不良地质现象引起的。扩孔一般是由钻头振动过大、偏位或孔壁坍塌造成的，缩孔是由于钻头磨损过甚、焊接不及时或地层中有遇水膨胀的软土、黏土泥岩造成的。缩径会减少桩的竖向承载力，而扩径会增加成本，必须采取有力措施予以控制。为避免扩径的出现，监理人员应检查钻机是否固定、平稳，要求减压钻进，防止钻头摆动或偏位，在成孔过程中还应要求徐徐钻进，以便形成良好的孔壁，要始终保持适当的泥浆比重和足够的孔内水位，确保孔内泥浆对孔壁有足够的压力，成孔尤其是清孔后应督促施工单位尽快灌注水下混凝土，尽可能减少孔壁在小比重泥浆中的浸泡时间；为避免缩径的出现，钻孔前监理人员应详细了解地质资料，要求施工单位对特殊的地质条件通过试桩调配优质泥浆进行护壁，经常对钻头的直径进行校正。

3）灌注过程质量监控——监理旁站项目

（1）灌注过程质量监控监理程序

①检查钢筋笼顶固定措施是否可行，其顶面标高是否满足设计要求；

②核实混凝土强度、配合比是否符合设计要求；

③检查导管的长度及导管的水密

性，导管底部离孔底的悬空距离是否满足规范要求；

④检查储料斗的容积是否可以达到混凝土初灌量导管的理论埋深（导管悬空高度 + 最短埋管距离 1~2m）；

⑤导管下放完毕后，灌注前再一次检查孔底沉渣或泥浆沉积厚度是否满足设计与规范要求；

⑥检测进场商品混凝土坍落度是否符合设计要求；

⑦核查混凝土申请方量是否符合混凝土超灌量要求；

⑧要求施工单位待灌注桩混凝土罐车全部进场后方可开始浇筑并连续灌注混凝土；

⑨浇灌混凝土过程中，检查导管的埋深、压浆及混凝土面上升情况，注意孔内是否有异常情况，督促施工单位控制灌注速度；

⑩监理见证下取样做混凝土试块，浇灌完毕检查混凝土顶面标高。

（2）灌注过程主要环节质量控制

①混凝土坍落度控制

混凝土的坍落度对成桩质量有直接影响，坍落度合理的混凝土应是拌和均匀、和易性好、内阻小、初凝时间长、润滑性好且有较好的触变性能，坍落度合理的混凝土可有效地保证混凝土灌注性、连续性和密实性，一般应控制在 18 ~ 22cm。

②导管埋深控制

导管底端在混凝土面以下的深度是否合理关系到成桩质量，必须予以严格控制。监理人员应要求施工单位在开始灌注时，料斗必须储足一次下料能保证导管埋入混凝土达 2m 以上的混凝土初灌量，以免因导管下口未被埋入混凝土内造成管内反混浆现象，导致开浇失败；在浇注过程中，要经常探测混凝土面实际标高、计算混凝土面上升高度、导管下口与混凝土面相对位置，及时拆卸导管，保持导管合理埋深，严禁将导管拔出混凝土面，导管埋深一般应控制在 2 ~ 6m，过大或过小都会在不同外界条件下出现不同形式的质量问题，直接影响桩的质量。

③钢筋笼制作、入孔吊放位置控制

以本工程桩为例，钢筋笼长 38.9m、39.9m、39.3m、40.3m，分两节制作，接口采用孔口搭接焊。工程桩钢筋笼加工根据规范要求进行自检、隐检和孔口焊接检，内容包括钢筋外观、品种、型号、规格，焊缝的长度、宽度、厚度、咬口、表面平整等，钢筋笼的主筋间距（±10mm）、箍筋间距（±20mm）、钢筋笼直径（±10mm）和长度（±100mm）等，并作好记录。施工单位结合钢筋焊接取样试验和钢筋原材复试结果，有关内容报请监理工程师检验，合格后方可下放钢筋笼。

因本工程空孔较长（近 15m），故吊放钢筋笼在孔口焊接吊筋。每个桩孔吊筋长度由施工单位通过计算，经核算无误后加工，并在孔口焊接。钢筋笼全部入孔后检查安装位置，符合要求后，用吊筋固定定位。检查吊筋焊接必须牢靠，焊接位置必须准确。

④桩头质量控制

桩基规范规定当凿除桩顶浮浆层后，应保证设计的桩顶标高及桩身混凝土质量。在钻孔灌注桩施工中，要想保证桩头的质量，必须控制好最后一次灌注量，桩顶不得偏低，凿出浮浆高度后必须保证暴露的桩顶混凝土达到设计强度值，这就要求灌注混凝土的高度要超过桩顶标高。在实际施工中，超灌量控制不当是经常存在的问题，超灌量过大，造成浪费，超灌量不足，桩质量不能得到满足。另外，在开挖桩头检测时发现，由于桩顶混凝土与孔内泥浆有直接接触，里面有时会裹有泥砂和浮浆等杂质，对桩头质量产生极大影响。监理人员必须重视影响桩头质量的因素，要求施工单位采取如下控制措施：

严格成孔工艺，清孔彻底，采用正确的水下混凝土灌注工艺，使钻渣、泥皮被顶起至桩顶，在桩头形成较厚的浮浆层；施工中应测准混凝土上升面标高；应确定合理的超灌量，根据浮浆层厚度及桩顶标高附近的工程地质情况，宜取 0.5 ~ 1.0 m 的超灌高度；清孔泥浆要满足要求；在混凝土灌注过程中，尽量少上下活动导管，导管埋深要在 2 ~ 6m。

本工程灌注桩施工因考虑水下灌注

混凝土及桩孔空孔段较深，确定混凝土超灌高度 1m 以上，基本保证了桩头成桩质量。另外，值得注意的是申请混凝土方量时，除了考虑超灌量外，还要考虑商品混凝土厂家提供混凝土方量的负偏差量。

4）灌注桩后压浆施工过程质量监控——监理旁站项目

钻孔灌注桩后压浆是施工工艺技术，设计单位一般只明确灌注桩后压浆参数如桩侧及桩端注浆管数量、单桩注浆量、注浆压力等，需要施工单位根据设计要求、岩土情况、以往施工经验并结合现场实际深化设计注浆管布置节点图并报建设单位、设计单位确认。以此作为施工、验收依据。

后压浆施工工艺流程如下：

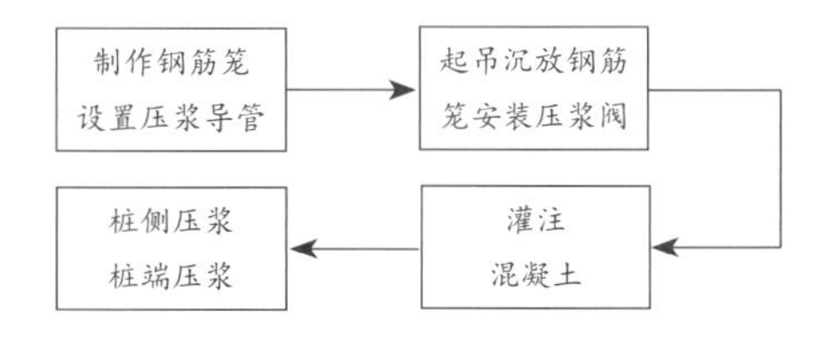

（1）注浆管质量检查验收项目

①桩端、桩侧注浆阀半成品质量主要检查其焊接、丝扣等连接处的严密性；②检查注浆管接长焊接质量；③检查注浆管绑扎在钢筋笼上的牢固度；④固定在钢筋笼上的桩端、桩侧多道注浆管不同颜色的自喷漆进行标记，确保注浆管连接正确（本工程注浆管桩端、桩侧 3 道以备一用共 8 根注浆管，标识尤为重要）；⑤注浆管孔口对接接长焊接按对应漆色连接；⑥ 8 根注浆管在 15~16m 空孔段固定措施；⑦全部压浆管上端均宜高出施工作业面 0.5m（视施工现场情况可略作调整）并用丝堵封口；⑧桩混凝土灌注完毕，孔口回填后，注意压浆导管露出端的成品保护，严禁车辆碾压。

（2）后压浆质量控制——旁站监理

要求施工单位做好每根桩桩侧、桩端注水开塞及注浆施工记录（发生堵管、注浆异常情况必须标注），监理作作旁站记录。

①采用注浆量和注浆压力双控方法，以水泥注入量控制为主，泵送终止压力控制为辅。水泥压入量及泵送终止压力应结合现场实际情况。

②监理随时检查现场搅拌水泥浆液水灰比控制。

③终止压浆条件

a. 注浆水泥总量和注浆压力均达到设计参数；

b. 注浆水泥总量达到设计值的 75%，且注浆压力超过设计值；

c. 若水泥浆从桩侧溢出或注浆压力长时间低于设计值，则应调小水灰比，间歇注浆；

d. 若本层桩侧无法注入，其水泥量则由下一层装置补入。

④后压浆注水开塞时间、压浆时间及压浆顺序

后压浆注水开塞时间一般控制在混凝土灌注完成后 5 ~ 24h，后压浆时间一般控制在混凝土灌注完成后 2 ~ 30d。

压浆顺序是先桩侧后桩底，对于群桩采取的是先外围后中心的压浆顺序。

⑤压浆桩体与在施桩位的距离控制

为保证压浆质量，压浆桩体与在施桩位的距离一般控制在 8 ~ 10m 为宜。

（3）后压浆质量保障措施

后压浆质量保证关键在于压浆装置绑扎焊接入孔及各道工序成品保护和水泥浆压入操控等全过程控制和及时的监测信息反馈。要点如下：

①压浆导管的连接均采用套管焊接，经施工方自检和监理检查验收确认无误后，方可进入下一道工序。

②压浆导管与钢筋笼固定均采用铅丝绑扎，桩端压浆管绑扎于加劲箍内侧，与钢筋笼主筋靠紧绑扎固定，每道加劲箍处设绑扎点；桩侧压浆导管绑扎于螺旋箍筋外侧，绑扎点间距 2m。桩端压浆导管底端距延长后钢筋底端 200mm。

③钢筋笼直立吊起入孔前旋接桩端压浆阀，桩端压浆阀应旋接牢固；桩侧压浆阀应固定牢固、坚挺。

④钢筋笼入孔沉放过程中不宜反复向下冲撞和扭动；钢筋笼应沉放到底，严禁悬吊，并经监理旁站确认。

⑤灌注混凝土后应及时监测桩端压浆导管通畅状态，如发现双管内均有沉淀物超过 1.5m，应及时上报压浆现场负责人，并作好即时压浆准备。

⑥有关方应经常巡视露出地坪的压浆导管的状态，如有异常应及时修复。

⑦为方便对浆液水灰比的控制，搅拌桶内外应标记出以 200kg 水泥配置的水灰比 0.7:1 的水泥浆液面相应位置的明显标识。

4. 灌注桩质量检测

1）成桩过程中质量检测相关质量控制

项目桩基工程为例，灌注桩检测项目有 3 根承载力检测、44 根低应变动力检测、29 根声波透射法检测。依据检测单位出具的试验设计草图及文字说明，制作静载试验检测桩及锚桩的钢筋笼，声波法检测用试验桩笼内埋设好三根声测管，钢筋笼隐检时监理一并检查验收。

2）成桩完毕的监理程序

①检测桩位偏差是否满足设计与规范要求；②单桩竖向抗压静载荷试验、桩身完整性检测（包括基桩低应变动力检测、声波透射法检测）试验结果是否满足设计与规范要求，并旁站对桩基质量检测的其他检测过程；③检查基桩混凝土试块强度是否满足设计要求。

GBF蜂巢芯现浇混凝土密肋楼盖施工工艺及监理工作方法

南昌鑫洪工程监理有限公司　喻慧忠　涂小辉　冯秀华

摘　要： 主要介绍GBF蜂巢芯现浇混凝土密肋楼盖的施工工艺及监理要点、工作方法。

关键词： GBF蜂巢芯密肋楼盖施工工艺　监理要点

一、前言

GBF 蜂巢芯现浇混凝土密肋楼盖（以下简称蜂巢芯楼盖），是一种新型混凝土楼盖技术，该技术是利用蜂巢芯的系列产品在现浇混凝土板中铸塑成内部空间承力单元，形成传力明确的现浇混凝土双向网格肋的水平结构体系，从而起到承受荷载的效果。与普通梁板结构相比，具有自重轻、跨度大、隔声防噪效果好、降低模板材料和人工消耗、可提高建筑空间利用率的特点。

2015 年本产品应用在中国（中部）岳塘国际商贸城一期 A1 区、A3 区工程，现以本工程为例对蜂巢芯楼盖技术加以介绍。

工程效果图

二、工程概况

中国（中部）岳塘国际商贸城一期 A1 区、A3 区工程位于湖南省湘潭市岳塘区荷塘乡，本工程市场、裙房结构为框架结构，高层公寓结构为剪力墙结构。地下 5 层、地上 27 层，楼板均采用 GBF 蜂巢芯楼盖。工程由杭州市建筑设计研究院有限公司设计，上海唯中建设有限公司、株洲芙蓉建设集团有限公司施工。

三、主要技术特点与施工工艺流程

蜂巢芯楼板是由一种由现浇混凝土框架暗梁（或明梁）、密肋梁、肋间现浇板和位于肋间和现浇板底部的非抽芯式蜂巢芯（一种底面外露芯魔）共同组成的楼盖，蜂巢芯在楼盖中的作用不仅是作为非拆式模板，而且蜂巢芯底板与楼盖底面平齐，可充作肋间吊顶装饰板，使密肋楼盖底部具有无梁板的效果。根据柱网、板跨、荷载等的具体要求，由结构设计确定蜂巢芯的高度、蜂巢芯楼盖的总厚度、楼盖断面中孔间密肋及暗梁宽度（或明梁的宽度和高度）、梁板配筋等参数。GBF 蜂巢芯现浇密肋楼盖的施工工艺流程见图下页。

四、GBF 蜂巢芯现浇混凝土密肋楼盖的优点

蜂巢芯楼盖适用于大跨度、大空间建筑。该体系不但在使用功能上真正实现了建筑大开间的无梁或少梁、隔声、隔热、灵活分隔的特点，而且在经济上，还具有缩短工期、节约成本的优势。据统计，采用此体系，楼盖自重减少 40%，节约混凝土约 50%，降低总造价约 10%左右。

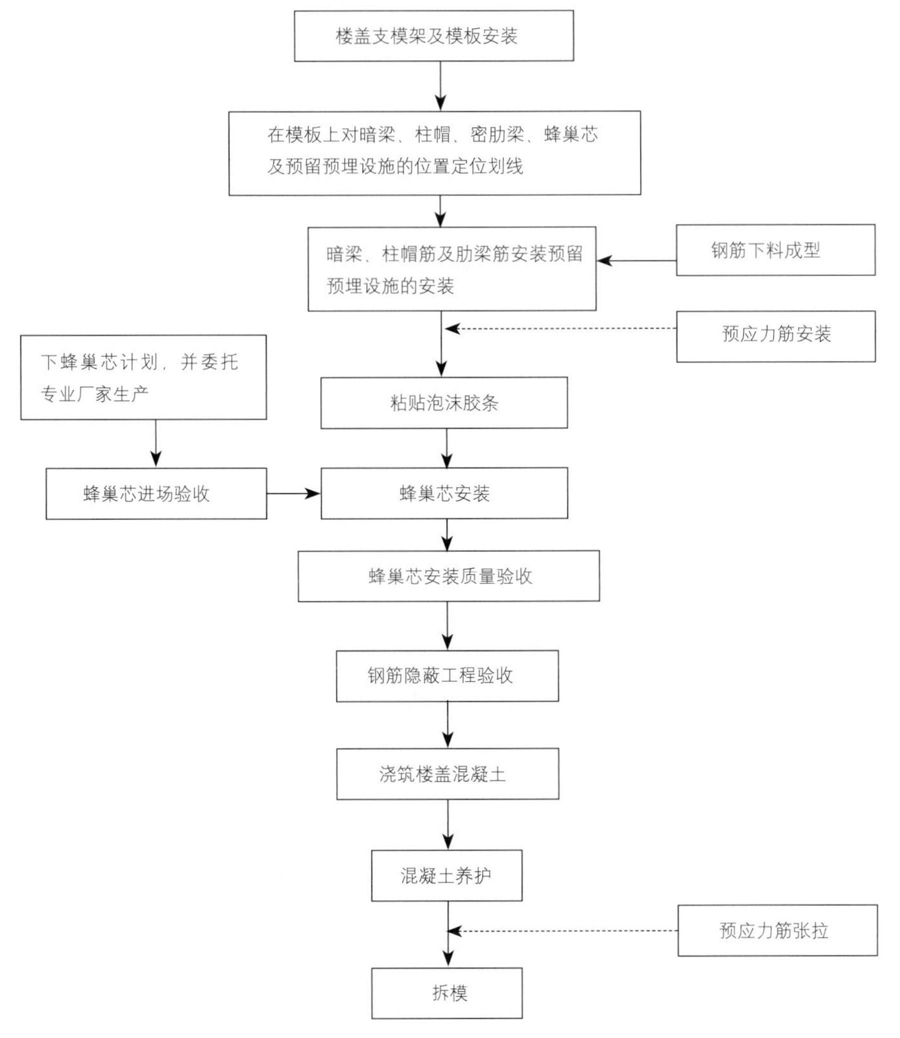

GBF蜂巢芯现浇混凝土密肋楼盖施工工艺流程图

注：1.当蜂巢芯底板带挑边时，密肋梁钢筋安装施工工序应待蜂巢芯安装完成后方可进行；

2.当蜂巢芯底板不带挑边时，密肋梁钢筋安装施工工序可同本图中规定，亦可待蜂巢芯安装工序完成后，再进行密肋梁钢筋安装施工。

五、监理控制要点

1. 模板质量控制要点

①应根据楼盖的暗梁（或明梁）、密肋梁、现浇板、蜂巢芯的重量及平面布置作恒载取值，并充分考虑施工荷载后，对模板及其支撑系统进行设计，并应对上层支撑架立杆对下层楼板的竖向冲切进行验算；

②模板应双向起拱 1.5‰~3‰；

③相邻两板表面高低差≤ 2mm，表面平整度用 2m 靠尺和塞尺检查，允许偏差≤ 5mm；

④模板的接缝不应漏浆，与蜂巢芯板的接触面应清理干净；

⑤板的跨度在 2m < L ≤ 8m，混凝土强度应达到设计值得 75% 方可拆模，当 L > 8m 时，混凝土强度应达到设计值的 100% 方可拆模。

2. 钢筋安装质量要求

①肋梁钢筋应保证与蜂巢芯之间有足够的保护层厚度，肋梁顶及侧面为 15mm，框架梁及肋梁底为 25mm；

②框架暗梁纵筋在保证钢筋净距 > 38（面筋）及 > 25（底筋）的情况下应尽量穿过柱，且至少 60% 以上上部钢筋穿过柱；

③肋梁、框架梁钢筋的锚固同普通钢筋混凝土结构，框架梁箍筋加密区长度取 2 倍梁高。

3. 蜂巢板进场验收

①出厂产品应有产品合格证书、产品检验报告，合格证应具下列内容：a）产品名称、型号规格；b）生产厂名、地址；c）生产日期、生产批组号；d）产品检验报告单；e）产品标准代号。出厂检验项目包括外观质量、外观尺寸偏差，物理力学性能等项目检测。

②外观质量及尺寸偏差应符合以下要求：外观质量应全数检查。

外观质量　　表1

项　目	指　标
贯通裂纹	不允许
穿孔破损	不允许
预制混凝土底板蜂窝麻面、水泡孔	每处面积不大于100cm²，每件产品不超过两处

外观尺寸允许偏差　　表2

项目	允许偏差（mm）
高度	±10
边长、边宽	10，−10
表面平整度	5
两对角线差	10

③物理力学性能应符合下表要求

物理力学性能以同一投料按同一工艺方法制作的产品 5000 块且不超过 3 个月的同一类型产品为一批，每批抽取 3 个式样检测，如有两个以上不合格，应双倍送检。

4. 蜂巢芯板安装

①蜂巢芯被吊至安装楼层排放前须对其外观完好情况作逐个检查，破损不

超过下表规定标准，对有可能漏入混凝土物料者，须进行封补、填塞，然后方可铺设；缺损严重超标者不得使用。

蜂巢芯高h（mm）		200~300	300~400
容许一般损坏	盒芯壁板	h/4	h/5
	盒芯顶板（mm）	100	100
一般破损密度（处/件）		3	3
容许单处最大高度破损		h/4	h/4

②铺设之前应调整对线，保证蜂巢芯之间及盒芯与暗梁（或明梁）、墙、柱之间的间距符合设计要求。铺设前应把模板上的垃圾清扫干净。蜂巢芯应按设计平面排布图摆放，在跨边不合模数处安装配套件或相应的圆形薄壁管配件，应采取一定的措施，防止振捣混凝土时蜂巢芯移位。

③安装固定蜂巢芯过程中，应在盒顶铺垫木板做保护，不容许直接踩踏蜂巢芯。伸出蜂巢芯底板周边的钢丝应弯向肋梁内锚固，要保证同肋梁有足够的锚固长度。

5. 混凝土浇筑

①混凝土坍落度宜取15~18mm，混凝土中粗细骨料粒径不宜大于25mm；

②混凝土振捣时宜选用小型插入式振动器（直径3mm），不得将振捣器直接接触蜂巢芯表面进行振捣，若配合采用平板振动器，应选用1500W的小功率振动器；

③输送混凝土的泵管应尽可能从宽扁梁上架设，如确需从蜂巢芯顶面架设泵管，应在纵横向肋梁相交处的混凝土泵管下垫放弹性缓冲垫，出料口至蜂巢芯顶面高差不宜大于500mm，下落处应铺设模板减缓混凝土冲击力，混凝土不能直接冲击蜂巢芯。

④混凝土应随打随抹，并应覆盖养护不少于14d。

六、监理工作方法

1. 施工准备阶段的监理工作

审查总承包单位选择的分包单位，经现场专业监理工程师审查确认后才可进入施工现场。

现场专业监理工程师必须核查进场原材料出厂合格证明书、检验报告，并抽取小部分材料进行见证取样，送检测中心进行二次检测，检测结果合格后方可使用。

审查承包单位编制的施工方案、施工现场准备工作，包括技术装备、现场准备、制度及机械设备、材料准备等工作。

现场专业监理工程师应对设置的质量控制点，事前分析施工中会出现的质量问题，采取相应的对策及质量控制措施。

2. 施工过程中的监理工作

施工现场巡视检查是监理检查和控制工程质量的最主要的方法，也是体现监理对工程质量进行事前控制的一种方式，现场监理人员应坚持每天到施工现场进行巡查，及时发现施工现场的一些问题，并提出承包单位针对监理工程师提出的问题及时进行整改，将一些问题消灭在萌芽状态，减少工程大范围的整改及工程返工现象而造成的损失。

施工过程中的每道工序完成后，承包单位必须先进行自检，自检合格后报现场专业监理工程师验收，验收合格后方可进入下道工序的施工。

七、安全控制要点

1. 蜂巢芯的堆放场地应坚实、平整、洁净，蜂巢芯应按规格型号分类平卧叠层堆放，堆放高度不得超过1.5m，并应明显警示禁止人员攀爬、踩踏。

2. 蜂巢芯吊运应采用专门的吊笼（箱），叠堆高度不得超过笼（箱）侧挡板，严禁用缆绳直接绑扎蜂巢芯进行吊运。吊至安装楼层后应及时排放，不宜再叠层堆放；吊装过程中应有专人指挥。

八、结语

目前，我国仍以传统的钢筋混凝土结构与新兴的钢结构、钢和混凝土组合结构的楼盖体系为主。GBF蜂巢芯楼盖施工技术，是建筑结构领域内的一项革新。

本工程采用GBF蜂巢芯密肋楼盖结构，与无粘结预应力无梁楼盖、实心无梁楼板比较，无柱帽，实现了真正的平板，使用功能得到了改善，同时由于楼板混凝土体积减小，减轻了自重，并且具有较好的抗震性能，良好的隔声、保温隔热等特点。建筑材料的节约与施工的便利，带来了良好的经济效益。

总之，该项技术目前的应用已日趋成熟，在建筑业以后的发展中，这种楼盖体系会逐渐推广。

项目	指标要求			
	A型		B型	
底板吊挂力（kN）	≥30mm厚底板	20mm厚底板	≥30mm厚底板	20mm厚底板
	≥1.2	—	≥1.2	—
顶面局部抗压荷载（kN）	≥1.0		≥1.0	
抗振动冲击	&30插入式振动棒竖靠高柱合金蜂巢芯表面振动为2min，蜂巢芯不出现贯通裂缝及破损孔洞			
吸水率	10			

50m预应力混凝土T梁产生侧弯的原因分析与控制措施

武汉铁道工程建设监理有限责任公司　刘明

摘　要： 通过对4处跨度为50m预应力混凝土T梁施工情况的统计，分析了50m跨度预应力混凝土T梁在结构及现场施工过程中产生侧弯的原因，并根据不同情况，找出相应的处理方案，保证现场预制梁工程质量，为同类型大跨度预应力T梁控制侧弯提供参考意见。

关键词： 50mT梁　侧弯　原因　控制措施

一、工程概况

随岳高速上跨汉丹铁路立交桥、宜昌市东站公路跨铁立交桥、十白高速上跨襄渝铁路立交桥、荆门市漳河防洪快车道上跨焦柳铁路立交桥4座（见表）立交桥均为公路上跨铁路而设，其中50m预应力混凝土T梁均采用C50混凝土，弹性模量Eh=3.45×104MPa，混凝土强度达到90%，龄期不小于7天后张拉预应力钢绞线。钢绞线采用ϕs15.2低松弛高强度钢绞线，标准强度1860MPa，锚下张拉控制应力1350 MPa。

二、侧弯控制的重要性

50m T梁是目前T梁经济跨度的极限。当跨度大于50m时，因混凝土梁的截面尺寸及自重的原因，运输和吊装难度增加不少，所以受到了一定的限制；且50m T梁有自身明显的缺点，如长细比大、横向刚度小和稳定性差等。

从4座立交桥对铁路的交角（梁端型式）、横隔板形式、数量以及张拉后最大侧弯值的统计情况，可以看出，现场施工张拉50 m T梁时，均发现梁片出现不同程度的侧向弯曲，尤其是边梁的侧弯变形尤为严重；经现场测量，最大的跨中侧弯值达8.9 cm（起拱度和“双控”均符合要求），且有随时间的推移而增加的趋势。这种侧弯现象会引起梁体重心的偏移，增加存放和架设难度，同时也降低梁体承载力，缩短梁体使用寿命，严重时会影响到架梁时的稳定和施工安全以及梁体的结构安全。

序号	工程名称	上部结构	与铁路交角（℃）	50m　T梁数量（片）	横隔板形式	横隔板数量（个）	最大侧弯值（cm）
1	随岳高速上跨汉丹铁路立交桥工程	35-50-35	48	12	矩形	9	4.6
2	宜昌市东站公路跨铁立交桥工程	50-50	91	22	矩形	9	2.3
3	十白高速上跨襄渝铁路立交桥工程	35-50-35	77	10	矩形	9	3.5
4	荆门市漳河防洪快车道上跨焦柳铁路立交桥工程	16-50-16	75	22	六角中空形	8	8.9

三、T梁侧弯原因分析

1.T 梁结构形式的影响

50m 混凝土 T 梁的结构形式决定了 T 梁的柔度 l（长细比）较大（相对其他梁型和小跨度来说）。混凝土 T 梁在张拉时，相当于端部受压杆件，轴压构件的长细比计算公式：

$$\lambda=\frac{\mu l}{i} \qquad i=\sqrt{\frac{I}{A}}$$

式中：I—构件截面惯性矩；

A—构件的横截面积。

而 T 梁的竖向刚度与侧向刚度之比一般在 9~10：1[1]，因此在张拉时，更容易出现侧向弯曲（设计要求的上拱度除外），特别是在张拉边跨梁时情况更为明显。

2. 预应力张拉工艺的影响

T 梁端部横断面底部的“马蹄”处的预应力钢绞线设计位置与梁体中心线位置不重合，而现在绝大多数后张法采用大吨位穿心式千斤顶外形尺寸的原因，不可能在端部断面并排放置两个千斤顶，因而不能同时张拉该处的对称钢束；因此在张拉过程中只能先张拉一侧的钢绞线，在偏心矩的作用下，梁体会产生侧向弯曲变形。同时在张拉一侧钢绞线时，控制张拉力一次就达到 100%，加大了梁体的侧向弯曲变形。

3. 钢绞线定位偏差的影响

钢绞线在梁内的位置由 x、y、z 三维空间坐标来固定，现场实际施工时的空间三维坐标与设计坐标存在偏差，从而影响预应力钢绞线的定位。据有关资料计算[1]，50m T 梁预应力钢束整体安装偏差 1cm，梁体跨中将产生 2.2cm 的侧向弯曲。因此对于长细比大、侧向刚度小的 T 梁，钢绞线的定位偏差将对梁的侧弯产生严重影响。

4. 制梁台座表面处理的影响

如果 T 梁制梁台座表面不光滑或涂抹的隔离剂效果不好，造成梁体在张拉时不能将产生的应力均匀传递，形成应力集中后产生侧向弯曲。

5. 混凝土强度的影响

根据设计要求，T 梁张拉施工中，混凝土强度达到 90%，龄期不小于 7 天。而 T 梁混凝土强度决定，目前主要以混凝土同养试件强度为准。而梁体混凝土体积较混凝土较大，同期养护时试件早期强度比梁体早期强度提高得要快；因此梁体混凝土强度不足时进行张拉施工，引起混凝土的非弹性变形大，侧弯增大。

6. T 梁存放时间的影响

梁体预制完成后，不宜长时间存放，存放的时间越长，混凝土的徐变、钢绞线的松弛和应力的重新分布而引起的梁体侧弯变形就会越大，同时存放时应采取防侧弯措施；因此，一般要求预制梁在梁场的时间控制在 90d 以内架设完毕，并且应尽快施工各梁之间的横隔板、湿接缝以增加其横向约束，防止其继续侧弯。

7. 人为因素的影响

主要表现在：梁的模板中心线是否与理论中心线重合；锚垫板安装是否与钢绞线垂直；混凝土振捣时对预埋波纹管的扰动；预应力张拉时操作人员的经验与熟练程度等。横隔板的形式对侧弯的影响尚需进一步验证。

四、防止梁体侧弯的控制措施

通过以上对梁体侧向弯曲变形的原因分析，根据各种不同的情况，主要从以下几方面来控制 T 梁的侧弯。

1. 设计方面

从结构设计方面，应考虑 T 梁钢筋骨架、横隔板的选择对侧向弯曲的影响。在保证结构安全和节约的前提下，保证钢筋骨架有足够的刚度，以增加梁体侧向抗弯能力；同时建议采用矩形实心截面横隔板联结，以增加梁体间的侧向抗弯性能。分析结果表明[2]，当横隔板高度在肋板高度的 54%~81%，且横隔板厚度不超过 20cm 时，主梁跨中挠度、主梁跨中钢筋最大纵向拉应力以及中横隔板跨中板底钢筋横向拉应力均达到了

较为适宜的值。

2. 调整张拉程序

尽量能做到对梁端对称的钢绞线同时对称张拉，减小因单侧张拉而产生的侧向弯曲变形。目前绝大多数后张法采用大吨位穿心式千斤顶，因外形尺寸的原因，不可能在端部断面并排放置两个千斤顶，在此情况下改进张拉工艺，可分多次循环对各对称钢绞线进行张拉施工。具体方法为：在张拉各对称钢束时不一次张拉到位，而是分多次进行循环张拉，直至拉到设计要求的应力为止（具体分多少次以现场试验为准）。同时在张拉过程中专人进行监测，保证预应力钢绞线的张拉力和伸长量的双控指标符合要求。

3. 保证波纹管位置准确

为保证钢绞线的精确定位，在梁的模板的加工精度上要严格检查尺寸、平整度，使平面形状符合设计要求；台座制作时预留的下拱、梁的钢筋骨架的位置等工序均要严格控制；对波纹管在各种断面的空间三维坐标采用表格的形式予以明确，同时用井字架或U形钢筋进行现场定位，并严格对钢筋骨架、波纹管的定位情况进行确认，合格后方可进行下一步工序；在混凝土浇筑过程中，避免插入式振捣器对钢筋和波纹管的扰动。

4. 保证张拉时混凝土强度

目前大多数混凝土梁张拉时设计要求混凝土强度达到90%，龄期不小于7d后张拉预应力钢绞线，具体情况以设计为准。现场施工应严格按设计要求进行梁体张拉强度控制，在留置同条件养护试件时，除正常需要留置的数量外，还要考虑张拉时验证混凝土强度所需要的数量，以保证梁体混凝土达到设计要求后再进行预应力张拉。

5. 减小梁底与台座之间的摩阻力

T梁制梁台座制作时，台座的表面可以考虑采用特殊的措施，如采用钢板或水磨石；同时在绑扎钢筋骨架前，涂抹效果良好的隔离剂，保证梁体在张拉时能将产生的应力及时、均匀地传递，防止形成应力集中后产生侧向弯曲。

6. 提高施工人员标准化、专业化作业水平

好的方案、措施需要要由人来实施、落实，即有了具体措施和标准，要有相应专业技能的人员来完成；但目前基础建设规模宏大，具有较高专业水平的人员缺口较大，因此对施工人员进行专业的业务技能培训必不可少，说严重点，这关系到一个方案甚至于整个项目的成败。

7. 提高对大跨度T梁侧弯的认识，提前做好预防措施

对于大跨度T梁，由于其结构形式的特性，相对于箱形梁来说，更容易产生侧弯现象，因此更应加以重视。从制梁台座的处理、钢筋加工安装、波纹管的定位安装、混凝土的振捣、混凝土的强度到张拉顺序及张拉时的侧弯量等都必须考虑，并制订出相应的措施，保证梁体张拉时侧向弯曲变形符合要求。

五、结束语

随着我国主导的亚投行的成立，社会基础建设规模进一步扩大，大跨度T梁仍将被广泛应用。以上综述，目的是为下一步现场预制大跨度T梁控制侧弯现象，提供一些相应的意见，以供参考。

参考文献

[1]王松林．55m预应力混凝土T梁侧弯控制技术.北方交通

[2]唐先习，徐岳.混凝土T梁横隔板合理截面尺寸数值分析.郑州大学学报，2010.

[3]公路钢筋混凝土和预应力混凝土桥涵设计规范JTG D 62—2004.

[4]公路桥涵施工技术规范JTG/TF 50—2011.

浅谈工程监理的三大目标

长沙华星建设监理有限公司　刘新俊

摘　要： 本文通过对工程监理中的三大目标控制进行理性分析，并结合实例，旨在明确监理工作中三大目标控制的意义，灵活把握和区分监理工作重点，强化主动控制，确保工程监理整体目标的完成。

关键词： 监理　目标　分析　控制

工程监理是受建设方的委托承担项目监理工作，并代表建设方对施工全过程进行跟踪监控的专业化服务，通过工程监理，控制建设工程的投资、进度和质量，规范各方建设行为。工程监理工作的基本内容就是实行三大目标控制，即从组织、技术、合同和经济的角度，采取一定措施，对工程质量、进度、投资按计划实行有效的控制。如何明确三大目标本质与相互关系，正确控制和把握好三大目标，是每个监理工程师在工程监理工作中面临的难题。本文结合工程监理的实践，谈几点心得与同行共同学习。

一、明确三大目标之间的关系

（一）三大目标具有对立性

工程项目的投资目标要求投资省、进度目标要求工期短、质量目标要求质量优，矛盾和对立的就是哪一方都要平衡，否则顾此失彼。通常情况下，项目要求工程质量越高，相应资金投入较多，项目实施时间较长；项目要求抢时间、争进度，工期目标定得很高，投资就相应提高，或者质量要求下降；强调进度目标，就需要降低投资目标，或者降低质量目标；降低投资费用，势必降低工程项目的功能要求与质量标准；强调投资目标，势必会导致质量目标或进度目标的降低。这就是工程项目三大目标之间的矛盾和对立。

（二）三大目标具有统一性

工程项目的投资、进度、质量目标三者之间不仅有对立的一面，也有着统一的一面。

如项目建设方适当增加投资，为施工方加快进度提供必要的经济条件，就能加快项目的实施速度而缩短工期；工程项目提前投入使用，项目投资就能够尽早收回，即进度目标在一定条件下会促进投资目标的实现；如项目建设方适当提高工程项目功能要求和质量要求，虽然一次性投资提高和工期增加，但能够节约项目动用后的运营费用和维护费用，降低产品的成本，从而使工程项目能够获得更好的投资经济效益，即质量目标也会在一定条件下促进投资目标的实现；如工程项目进度计划制定得既可行又优化，使工程进展具有连续性、均衡性，则不但可以使工期缩短，而且有可能获得较好质量和较低的费用。这就是工程项目投资、进度、质量三大目标的关联和统一。

由于三大目标构成统一的整体目标系统，实施控制时必须结合整个目标系统实施控制，防止在实施过程中发生盲目追求单一目标而冲击或干扰其他目标。在实施目标控制过程中，应该以实现工程项目的整体目标系统作为衡量目标控制效果的标准，做好目标互补，讲求目标系统的整体效果。例如，实际工期延长了，能否通过罚款的方式促使施工方增加资源投入加快施工进度；投资超了，能否在进度和质量方面得到比计划目标更好的结果。

二、把握三大目标控制特性

工程监理的中心任务就是对工程项目投资、进度和质量目标实施有效的协调控制。

从字意上分析，三大目标中，投资目标即为争取以最低的投资金额建成预定的工程项目，进度目标即为争取用最短的工期完成工程项目，质量目标即为争取建成工程项目质量和功能达到最优水平。从具体意义上讲三大目标的控制：

（一）投资目标控制

投资目标控制是指在整个工程项目的实施阶段开展管理活动，力求使工程项目在满足质量和进度要求的前提下，实现工程项目的实际投资额不超过计划投资额。我们在工程监理过程中，不能简单地把投资控制仅仅理解为将工程项目实际发生的投资控制在计划投资的范围内。而应当认识到，投资控制是与质量控制和进度控制同时进行的，它是针对整个工程项目目标系统所实施的控制活动的一个组成部分，在实现投资控制的同时需要兼顾质量目标和进度目标。如在湖南省民主党派机关综合楼工程项目的精装修施工中，由于部分装修材料价格高，致使工程费用大幅度增加。监理工程师及时调整工作重点，将控制费用摆在了第一位，及时与设计人员联系，采用质量相近但价格相对较低的材料代替原材料，在保证质量和效果的前提下，使工程造价得以有效控制。

（二）质量目标控制

工程项目的质量目标，就是对包括工程项目实体、功能和使用价值、工作质量各方面的要求或需求的标准和水平的规范控制，也就是对工程项目符合有关法律、法规、规范、标准程度和满足项目业主要求程度作出的明确规定。工程项目中的质量目标控制是指在力求实现工程项目总目标的过程中，为满足工程项目总体质量要求所开展的有关的监督管理活动。质量目标控制中的主要特点：

1. 质量的内容具有广泛性。项目的总体质量目标的内容具有广泛性。凡是构成工程建设项目实体、功能和使用价值的各方面都应当列入工程建设项目的质量目标范围。所有参与工程项目建设的单位和人员的资质、素质、能力和水平，特别是对其工作质量的要求也是工程项目质量目标不可缺少的组成部分，他们的工作质量直接影响产品的质量。

2. 质量的形成具有连续性。项目的总体质量的形成具有明显的过程性，实现工程项目总体质量目标与形成质量的过程息息相关。工程项目建设的每个阶段都对工程建设项目质量的形成起着重要的作用，对工程质量产生着重要影响。工程实施的每个阶段都有其具体的质量控制任务，监理工程师应当根据每个阶段的特点，确定各阶段质量控制的目标和任务，以便实施全过程的控制。

3. 与其他目标具有关联性。每个工程项目都具有明确的目标。工程监理单位及其监理工程师在进行目标控制的时候，应当将工程建设项目中进度目标、费用目标和质量目标当作一个整体的目标来控制。因为三大目标之间是既相互联系也互相制约的，都是整个工程建设项目目标系统中的子系统。目标之间既存在矛盾的方面，又存在着统一的方面。监理工程师在工程监理的目标控制过程中，都应注重与把握。

（三）进度目标控制

工程监理工作的进度目标控制，是指在实现工程项目总目标的过程中，为使工程项目的实际进度符合工程项目进度计划的要求，使工程项目按计划要求的时间实施而开展的有关监理管理活动。这一方面，要求最大的是施工方，其次是建设方，而监理方就是平衡点。做好工程监理的进度控制工作，首先应当明确工程项目进度控制的目标。我们工程监理方作为工程实施项目管理服务的主体，所进行的进度控制是为了最终实现工程项目按计划的时间（完成）。因此，工程监理进度控制的总目标就是工程项目最终投入运行的计划时间。具体到单个建设工程项目，工程监理的进度控制任务则由工程监理的合同来决定。既可以是从立项到工程项目正式投入使用的整个计划时间，也可能是某个实施阶段的计划时间，如设计阶段或实施阶段计划工期。当然，进度控制始终离不开质量这个关键点。

三、合理掌控不同时期三大目标

工程项目中的工程质量、进度、工程费用三大目标，在不同的时段，其重要程度有所不同。正确区分和掌控不同时期三大目标控制重点，控制三方平衡，恰到好处，非常重要，是工程监理工作成功的标志。一般情况下，工程都划分为施工准备、施工实施和竣工验收三个阶段。不同阶段工作重点不同，每一个阶段的不同时期的工作重点也不一样，因而要根据不同工程项目的内外部条件，合理把握相应时期的工作重点。一是施工准备阶段，这是整个工程的前提。施工方需要按合同时间完成施工准备工作，监理的重点就是审批施工组织设计，检查人员、材料、机具设备情况，审核施工方案等。在审批施工组织设计环节，监理人员要抓住重点：如施工质量保证体系是否健全、项目班子是否真实、可靠；施工总平面图是否合理；再就是工程地质报告的数据指标是否齐全可靠；组织技术措施是否得力，针对性是否很强；保证安全技术措施是否切实可行。二是工程施工阶段，是整个工程的关键。要根据工程实施情况具体分析，质量、进度、费用都可能成为工作重点。如在某房地产开发公司鸿城湾工程项目住宅楼地下室基坑施工监理中，初期根据监理工程师审批的施工技术方案，基坑支护采用堆沙包＋水泥搅拌桩的方式进行施工，施工中发现基坑边缘出现裂缝、个别水泥搅拌桩有断裂现象。监理工程师及时以质量和安全为工作重点，与施工单位一道分析原因，调整施工技术方案，采取增加钢板桩以及对基坑边进行卸载等措施，直到解决上述问题。施工中，由于图纸修改及施工方组织管理不善等原因，施工进度明显落后于进度计划，监理工程师随即以进度控制为工作重点，通过召开各种协调会，与施工单位和建设单位协商，制定严格的工期计划，增加施工人数，采取三班倒的制度，制定奖罚措施，在多方努力下实际进度终于赶上并超过了计划进度，确保了工程按期交付。三是竣工验收阶段是工程的重点。建设单位对工程质量的要求越来越高，竣工验收工作重点是全面检验工程质量，严格控制不让不合格工程推向社会。如在对某一项目的工程监理中，监理工程师在审查施工单位报来的屋面防水验收材料中发现，施工方说已经合格，而监理检查验收时发现因防水基底处理不好，已施工的防水层有脱落现象，局部厚度达不到施工规范要求，在上面继续下道施工必然会导致屋面防水质量问题。此时的进度已经落后于计划，工作重点是抓好进度。发现上述问题后，监理工程师马上调整工作重点，围绕质量问题，要求施工单位进行全面返工整改，而且要求以最快的速度落实，从而保证了工程质量。

总之，监理只有明确了工程项目的投资、进度、质量目标三者间的关系，才能正确地指导和开展目标控制工作；只有认识到工程项目的投资、进度、质量目标三者之间的特性，才能在工程项目中，统筹兼顾，合理确定好、协调好投资目标、进度目标、质量目标之间需求，力求做到目标统一。

四、主动控制是目标控制切入点

工程项目施工中，监理工程师要检查和监督工程项目的计划执行情况，实施有效动态控制，将工程控制在要求允许的范围内。动态控制被分为被动控制和主动控制，在实施工程监理过程中，不仅要做好被动控制，更应强化主动控制意识，积极主动分析施工中的问题，加强预控，把握好切入点。通常情况下，监理发现问题后采取补救措施，这都是被动控制。这样的控制方式的最大缺点是在监理工程师实施纠正措施之前，偏差已经产生，损失已经造成。而主动控制则通过监理的预先分析，准确估计出工程项目哪些部分可能发生的偏离，如何采取相应的预防措施，以及控制项目的偏离度，从而事先防止工程中出现的问题。例如在一大型企业的工程项目中，施工前监理工程师依据此年度开工项目以及资金周转情况，分析得出施工过程中部分项目可能会出现模板、钢管等部分周转材料供应不足，将直接影响施工进度。由此，为防患于未然，监理工程师即时提出项目部提前做好各种材料的报料计划，按开工面积提前安排进场，并对项目部原可用材料进行全面清盘，合理择用和调配，从而避免了施工过程中的材料短缺问题，保证了施工计划进度。只有这样，才能保证工程项目三大目标的整体工作。

结束语

总的说来，建设工程的三大目标是监理的中心任务，本文对工程监理的三大目标控制（投资目标、进度目标以及质量目标）的内容及特点分析，明确了三大控制目标之间既对立又统一的关系。以三大目标控制为主导，对工程监理的内容规范运用、合理协调，方可更好地出色完成工程项目监理任务。

浅谈铁路营业线施工安全监理实践体会
——五环紧扣　精细严实

深圳市南铁工程建设监理有限公司　邓夏

摘　要：本文提出做好铁路营业线施工安全监理工作的五个关键环节及其相应的方法，同时有感而发对铁路监理企业当前的发展状况进行了评论。

关键词：铁路营业线施工　安全监理　体会

前言

铁路工程的施工安全监督管理工作，不论工程项目之性质、规模、环境、条件的差异，严格地讲，都离不开标准化、规范化、实时化、信息化等科学管理模式。其管理方法更需要步步为营、环环相扣、精准严密、细心踏实。

铁路营业线的工程施工，与新线工程相比，其施工条件、环境相对复杂许多，难度很大。在营业线上施工，就如同住家屋内二次装修一样，制约施工的条件相当严苛，诸如办理施工许可证、协议书、保证书、出入证，防止损坏室内、墙里既有设备设施，除旧翻新，避免相邻干扰与妨碍，防止污损环境，等等。上述列举的不利因素，是未入住楼盘新房装修施工所没有的。由此类比可知，在铁路营业线上进行工程施工的安全监管工作将面临繁难复杂、计划多变、风险很大、效益偏低的不利局面。因此，如何面对挑战、缓解矛盾、避险趋利是广大监理工作者一直思考的问题。下面是本人在铁路营业线施工安全监理工作中的“十字”实践体会——“读辨编审查、精细严实抓”。不妥之处，请批评指正。

一、“读”——详细阅读施工设计图之安全措施

把好设计文件阅读关。施工设计文件是工程安全与质量之本。首先，通过设计文件摸清楚工程项目的特点、重点、难点和具体的旁站项目、内容。然后，仔细阅读设计文件中关于施工安全措施的具体描述。凡是符合规定要求的设计文件，都必须对施工安全问题进行专门交待。《铁路工程施工安全技术规程》TB-10301-2009相关条文对勘察设计有明确规定：

1. 铁路勘察设计要把消除安全隐患放在首位。

2. 对涉及施工安全的重点部位和环节应在设计文件中注明，并提出防范施工安全事故的指导意见。

3. 根据铁路营业线施工情况，提出营业线施工过渡方案，提出保证营业线施工期间安全运营的措施和施工注意事项。

4. 依据勘察成果提供地下管、线、电缆等隐蔽设施的准确位置以及气象、水文和地质灾害等资料。

5. 提出改善安全作业环境和保障施工安全的措施，并按规定将相关费用纳入工程概算。

只要我们认真、全面地阅读设计文件，就不难找到关于施工安全方面的重点、环节、过渡方案、注意事项、指导意见等规定和要求，以及必须采取的技术安全措施。如果设计文件对施工安全问题交待有缺失，监理单位就应据实向

建设单位提出报告。因此，想要做好施工安全监理工作，不熟悉设计文件不行，这是各级监理人员的基本职责所在。

二、“辨”——全面辨识与确认施工作业危险源

抓住源头遏制风险。危险源、危害因素是工程施工安全的天敌。根据09版《铁路工程施工安全技术规程》规定，工程建设各方应根据工程特点和施工环境进行危险源辨识，按照危险源不同等级编制相应的专项施工方案、应急预案并组织培训和演练。

项目监理部必须先于施工单位对项目较大危险源、重大危险源进行全面、彻底、详细、具体的辨识与确认。只有这样，才能在事前监控中掌握主动、占得先机。下面以本人监理的案例作些简要说明。

例如：在京广铁路线波萝坑至连江口区间自动闭塞改造工程施工监理中，除信号联锁、闭塞工程外，还包含房屋接建、电力增容等专业项目。首先，我们在读图的基础上，对照09版《铁路工程施工安全技术规程》有关分项分部工程危险源辨识条文，查找、罗列了明确规定的危险源与危害因素后，又针对该项目特征，进一步增补、细化了“隧道内桥梁上光电缆施工危险源表”“新设备模拟联锁试验危险源表”、“新老设备换装验收开通危险源表”等，可谓抓住要害、指明方向，为编写安全监理实施细则、审查专项方案打下了良好基础，实践表明效果显著。

三、“编”——精心编制针对性安全监理实施细则

针对重点精心细化。按照安全监理实施细则对建设项目实施安全监理，这是监理工作标准化、规范化和程序化的基本要求。对于存在重大和较大危险性的分部、分项工程的施工作业，必须精心编制针对性很强的安全监理实施细则，明确监理工作的细化方法、措施，控制要点以及旁站项目、部位、内容等。一份量身定做的实施细则是铁路既有线施工现场作业安全的监控利器。

只要遵照流程，由总监主管、各专业监理工程师执笔、现场监理人员参与，共同研究讨论认可并定稿的一份真实的安全监理实施细则，就可以具有很强的针对性、实用性和可操作性。反之，生搬硬套、改头换面、复制粘贴拼凑出来的安全监理实施细则，那就会流于形式，毫无实效可言。

在京广铁路线波萝坑至连江口区间自动闭塞改造工程施工监理中，首先，我们明确了安全监控重点项目：钻孔桩基础施工，总长6km隧道内光电缆V停天窗施工，新技术、新设备模拟联锁试验，新老设备换装验收开通四个分项工程（环节）。然后，分头读图，查找、罗列、细化危险源与危害因素，并提出具体的检查、巡视、旁站监控及注意事项等应对措施，初步编制了四份颇具针对性的安全监理实施细则。由于有了事前的准备，在对施工单位报送的施工组织及专项方案进行审查时，就可以做到心中有数、主题突出，精细严密、回炉有据。实践表明，此举较好地提升了自身的工作质量和监理能力与水平。

四、“审”——严密审查施工安全专项方案

把好施工组织、专项方案审查关。审查施工单位编制的施工组织设计是监理工作的重要职责，依据设计文件、现行《铁路工程施工安全技术规程》和所在地运营当局提出的安全规定和要求，逐一对照报送文件中罗列的安全管控内容，就其全面性、完整性、准确性作出审查。如有错漏，必须修补，否则就是监理工作的缺失。

参与专项施工方案的审查，同样是监理工作的关键环节。施工方案是施工组织设计的细化与延伸。对专项施工方案中安全措施的描述，必须“中肯、具体、明晰、严密、准确、完善、无漏洞、可操作”。即罗列的每项危险源、危害因素，都必须有其相应的安全措施，而且解决方案足够精准、彻底、完备。一句话，就是送审方案要数量够、质量足。这是衡量专项方案能否过关的前提条件。

其实，对施工单位报审的施工组织与方案进行严密审查，是实施“事前控制、预防为主”的重要环节，马虎不得。

在此环节中，我们反复强调的是两个字：卡、堵。卡，就是不放过报审资料存在的任何差错，有错必纠；堵，就是堵住报审资料存在的缺失和漏洞，有漏必补。

为此，我们大力提倡“遵循规则、精查细审、从严从紧、分清责任”的工作原则，同时还互相勉励和提醒大家：“严丝密缝审施组，方案措施逐个数。错误缺漏必修补，不清不楚退回炉”。

对待施工组织与方案，只要编、审单位做到对症下药、认真编修、精细严实、一丝不苟，就能为后续的现场事中监控指明方向、铺平道路。同时，也为参建各方留下工作印记，一旦发生状况，可以帮助厘清责任，增强自我保护的筹码。

五、“查”——严格执行作业安全监督检查制度

勤查细检落实为本。现场作业安全监督检查是落实一系列事前制定的安全控制措施的后期关键环节，是“说到做到”的试金石。

铁路营业线工程建设的安全检查，除自检与监理检查外，更需要接受质检部门，运营专业部门、安监部门、接管单位和业主的常态检查，以及由专军特运、重大会议节庆、重大事故等引起的临时性、突发性检查等。检查团组级别繁多、频次甚密，因此，尽管检查项目、内容不一，但检查标准却需要统一到现行的09版《铁路工程施工安全技术规程》规定上来。该《规程》在施工业务安全管理、技术安全管理、作业安全管理三个层面均具有较全面的针对性和可操作性，是迄今为止极具权威性和实用性的行业标准。

几年来，我们把该《规程》各专业的安全检查表作为安全检查的基本标准，逐步推行，得到了业主和施工单位的认同与支持。

统一了认识，解决了标准后，核心问题是“落实”二字。目前，我们公司透过互联网络平台，积极推行项目开工前的内业管理，施工中的安全质量控制、检查、验收以及结算、销号等一系列监理工作流程化，初步实现了内、外业监理工作的标准化、规范化、程序化、信息化、实时化、远程化的管理模式。

采用规范、标准的安全检查表格，借助网络平台进行现场作业安全检查，既增强了对工程项目安全质量监控的力度、精度和覆盖面，同时也充分体现和发挥了监理企业的全员管理能力和水平。因为在网络平台上，除了监理员在现场操控外，相关的专监、总监、专家、领导们也能随时浏览、监督、评定、考核检查结果，这对检查的时效性、完整性、准确性有莫大的帮助，明显提高了检查的质量和效果，从而深化了安全检查的落实机制，和初衷不谋而合。

结语

几点启示：

1. 做好铁路营业线工程施工安全监理工作实属不易，但是，只要紧紧抓住“读－辨－编－审－查”五个关键环节，认真采用精细严实的工作方法，总可以少出差错、不出大错。

2. 以《铁路工程施工安全技术规程》为蓝本，并认真贯彻执行之，施工安全监管工作就有了目标、方向、内容、方法和手段，施工安全就有保障。

3. 与新线工程相比，要把营业线施工安全监理工作做好，监理企业就必须增加人力、物力、财力的投入。这样一来，已经偏低的收益又减少了；如此不堪的现实，是铁路系统行业体制造成的尴尬与无奈。

4. 现阶段，铁路建设市场依然普遍存在着“强业主、弱监理，重进度、轻安质，厚检查、薄落实”等见多莫怪的不良状况。这是行业体制使然；处于如此格局中，作为弱势群体的监理企业不可消极对待，只能改变思路，调整策略，适应环境，练好内功，保有生存和发展的机遇。

5. 与时俱进、转变观念、勇于创新，跟上时代步伐。尽快采取科学、先进、高效的监理方法和手段，是提高监理工作质量、能力和水平的有效途径，这是监理企业提升竞争力和可持续发展的基石。

浅谈监理企业实行综合计算工时工作制

中咨工程建设监理公司　蒋玉

摘　要： 由于监理企业工作性质的特殊性，公司在项目现场工作的工程技术岗位员工需要不间断或夜间、节假日作业，在标准工时工作制下经常会加班。加班不仅增加了企业支付员工加班费的成本，也是企业与员工劳动纠纷的一大起因。申请项目员工实行综合计算工时工作制，以一定的期限为周期综合计算工作时间，就可解决这些问题。综合工时工作制对监理企业人员管理起着很重要的积极作用。

关键词： 监理企业　加班　劳动纠纷　综合计算工时工作制

一、问题的提出

在监理企业工作中，根据政府有关部门或建设单位要求，工程建设通常工期紧、进度快，周末甚至国家法定节假日照常施工；为了不影响城市正常运转，根据交通、消防、电力、供水、燃气等相关部门要求，工程建设经常需要夜间作业；同时，按照建设行业政府行政主管部门规定和业主要求，监理人员需在现场进行旁站监理，按时组织阶段验收，确保施工过程受控和下道工序顺利进行；另外，东北等多地区的项目因季节和气候条件影响，会有冬歇停工期，冬歇后生产经营计划会加快节奏赶工，造成生产任务的时间不均衡。

由于以上原因，监理企业员工在标准工时工作制下经常需要加班加点工作，在节假日、周末、夜间工作是家常便饭。

《劳动合同法》第 31 条规定“用人单位应当严格执行劳动定额标准，不得强迫或者变相强迫劳动者加班”，第 44 条规定“用人单位应当按照标准支付高于劳动者正常工作时间工资的工资报酬”。

第 31 条规定的解读是在标准工时制下，劳动者每天的工作时间是固定的，用人单位不得擅自延长劳动者的工作时间，如果用人单位需要延长劳动者的工作时间，需要与劳动者协商一致，劳动者有权拒绝加班；如果用人单位强行安排的话，劳动者可以与用人单位解除劳动合同并要求给予经济补偿。

加班加点工作不仅对组织开展监理工作造成了阻碍，而且根据第 44 条加班工资的支付要求增加了企业用人成本。例如一名工资为 5000 元的员工，五一节假日三天加班，需要支付的加班费为（5000/21.75）×（3+2+2）=1609 元，加班增加企业用人的成本是很显著的。

而且随着员工法律维权意识的提高，与公司之间的劳动纠纷越来越多，劳动纠纷的很大一部分就是因为加班和加班费的发放引起的，而在公司与员工的劳动纠纷中，企业大多付出了沉重的代价。

二、企业用工工时介绍

企业用工的工时共三种，分别为标准工时工作制、综合计算工时工作制、不定时工作工作制。根据《国务院关于员工工作时间的规定》、《劳动合同法》、劳动部《关于贯彻执行〈中华人民共和国劳动法〉若干问题的意见》、《劳动部关于员工工作时间有关问题的复函》、《工资支付暂行规定》等的规定，分别介绍一下每种工时工作制的含义及特点：

1. 标准工时工作制

标准工时工作制是确定每天工作时间长度、一周中工作日天数，是我国运用最为广泛、最普遍通用的企业用工工时。在标准工时工作制下，员工每天工作的最长工时为 8 小时，每周最长工时为 40 小时。此类工时制度还有以下特点：

1）用人单位每周应保证劳动者每周至少休息 1 日；

2）因生产经营需要，经与工会和劳动者协商，一般每天延长工作时间不得超过 1 小时；

3）特殊原因每天延长工作时间不得超过 3 小时；

4）每月延长工作时间不得超过 36 小时。

2. 综合计算工时工作制

综合计算工时工作制是以标准工作时间为基础，以一定的期限为周期，综合计算工作时间的工时制度。实行这种工时制度的用人单位，计算工作时间的周期不是天，而是以周、月、季、年计算，但其平均日工作时间和平均周工作时间应与法定标准工作时间基本相同。

综合计算工时工作制基础仍然是标准工时制，虽然允许具体的某日（或某周）工作时间可以超过法定标准工作时间，但是仍然要坚持一定周期内总的工作时间及平均工作时间都不能违反法定的标准。

3. 不定时工时工作制

不定时工时工作制是指因工作性质、特点或工作职责的限制，无法按标准工作时间衡量或是需要机动作业的员工所采用的，劳动者每一工作日没有固定的上下班时间限制的工作时间制度。不定时工作制是一种直接确定员工劳动量的工作制度，可参照标准工时工作量采取弹性工作时间等方式组织员工，除法定节假日工作外其他时间工作不算加班，一般适用于企业中的高级管理人员、外勤人员、推销人员、部分值班人员等岗位。

三、综合计算工时工作制在监理企业的适用性

从以上工时类别可以看出，监理企业项目员工申请执行综合工时工作制，以一定周期综合计算工作时间，非常适合我们行业现状。具体分析如下：

1. 监理企业项目员工现状适合综合计算工时工作制

由于监理企业工作性质的特殊性，公司在项目现场工作的工程技术岗位员工需要不间断或夜间作业，生产经营受季节及自然条件限制，也受外界因素影响生产任务时间不均衡，在标准工时工作制下经常出现加班；而在综合计算工时工作制下，通过调休方式可以避免这些问题，从而解决因延长工作时间造成的矛盾、纠纷、增加企业成本等问题。

2. 监理企业符合申请综合计算工时制的要求

按照根据《中华人民共和国劳动法》第三十九条“企业因生产特点不能实行本法第三十六条、第三十八条规定的，经劳动行政部门批准，可以实行其他工作和休息办法”、劳动部《关于企业实行不定时工作制和综合计算工时工作制的审批办法》（劳部发 [1994]503 号）第五条规定对“……（二）地质及资源勘探、建筑、制盐、制糖、旅游等受季节和自然条件限制的行业的部分员工”，可实行

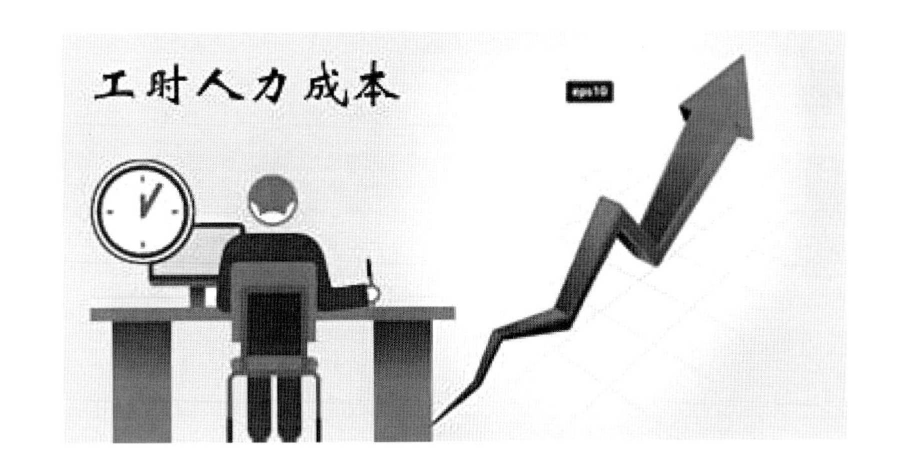

综合计算工时工作制。监理行业项目现场从事建筑项目的岗位员工完全符合上述条件。

四、综合计算工时工作制实施注意事项

综合计算工时工作制因不同于通行的标准工时工作制，在实施过程中有着其自己的特点，实施过程中主要注意事项如下：

1. 综合计算工时工作制要按照相应流程获得相关部门批准才可执行

实行该种工时，需要到有关政府部门按照流程申请，并办理有关手续。否则，一旦出现劳动争议，企业主张自己是综合计算工时制，是没有法律依据的，员工有权按照标准工时制要求补偿加班工资。

申请综合计算工时工作制相关政府部门批复后，要对相关岗位人员的劳动合同变更，并相应变更涉及的公司人力资源管理的工时考勤、休息休假、绩效考核、薪酬分配等方案，并报送相关部门备案。

申请和实施综合计算工时工作制都需要工会委员会召开公司员工代表大会，在充分听取员工意见的基础上申请和实施。

2. 实行综合计算工时制不等于无需支付任何加班费

在综合计算工时工作制下，无论劳动者单日的工作时间为多少，只要在一个综合工时计算周期内的总工作时间数不超过以标准工时制计算的应当工作的总时间数，就不视为加班。若超过，则超过部分视为延长工作时间，并按《劳动法》规定支付报酬，且一个周期内不得超过最长延长工作时间要求。延长工作时间的工资发放需按照员工本人工资150% 支付工资；休息日工作、不能安排轮休的，按不低于员工本人工资200% 支付加班工资；法定节假日工作的，按不低于员工本人工资300% 支付加班工资。

例如，我公司申请的以年为周期计算的综合计算工时制，则要求一年内工作时间总数为2000 小时，超过部分视为延长工作时间，公司按规定支付加班工资；某一日的实际工作时间可以超过8 小时，但不超过11 小时；年累计延长工作时间不超过432 小时；每月至少安排休息4 天。

3. 实施过程中要保障员工休息休假权利

实行综合计算工时工作制要严格按照国家规定，保障员工合法的休息休假权利；用人单位在确保生产、工作任务完成的情况下，对实行综合计算工时工作制员工采取集中工作、集中休息、轮休、调休等适当的工作和休息方式，保障员工身体健康。

因实施过程的不确定性，为避免不必要的纠纷，公司要严格考勤管理，定期将书面考勤记录与员工核对并由员工本人签字确认；综合计算周期期满后，及时统计周期内工作时间，与员工核对并由员工本人签字确认。

4. 周期内解除劳动合同员工加班费的计算

在一个综合计算工时工作制周期内，如果公司和员工依法终止或解除劳动合同时，将员工在实施本周期内实际履行的工作时间减去标准工作时间，超过的部分按法定加班加点工资支付，不足的部分公司可折算小时工资扣减。

五、结束语

我公司向人力资源社会保障部申请的项目现场员工实行综合计算工时工作制已批复，现已着手制定修改配套的公司人员管理相关具体实施办法，综合计算工时工作制会给公司管理带来很大的突破，但也带来了新的挑战，公司的管理仍在探索中前进，希望与大家多沟通探讨。

浅议大型成套设备监理质量控制要点

岳阳长岭炼化方元建设监理咨询有限公司　杨歆

摘　要： 针对性地分析200t/年HTS分子筛装置中微波干燥器、辊道窑等大型成套设备安装调试过程中的经验和教训，为进一步指导大型成套设备工程监理工作提供帮助。

关键词： 成套设备　设备厂家进场复核与评价　设备开箱验收　过程控制

200t/年HTS分子筛中成套设备共计12台套，其中包括辊道窑、微波干燥器、导热油炉等。作为HTS分子筛干燥、焙烧的关键设备，这些设备的质量优劣直接影响到整个工程项目的成败，因此必须对设备的主机、辅机、配套件及系统质量进行全程控制，成套设备监理正是实现这一要务的关键环节。

设备监理的质量控制不是一成不变的，监理工程师需要根据设备类型、质量形成过程，制定监理的方式、方法，确定质量控制点，采取最有效的质量控制方法。

一、200t/年HTS分子筛成套设备质量特点及难点

1. 200t/年HTS分子筛成套设备组成复杂

其中包括布袋除尘器、风机、变压器、循环油泵、盘柜、输送机、旋转阀等，这给设备的质量控制和实施带来了一定的难度，需要设备监理工程师的专业知识面要广。

2. 成套设备质量影响因素多而且波动性大

设备的质量影响因素多，就进场到安装调试合格各个阶段而言，每一环节、每一步都会直接或间接地影响到设备的质量，就拿整个过程中最重要的部分——现场组装阶段来说，影响因素就可能有人员、机器设备（包括检查、测量和试验设备）、试验方法和环境（温度、湿度、清洁度、天气情况）等。

质量影响因素多，直接导致了其质量的波动性大，在成套设备的组装过程中有时对某个环节失控或者对某个零部件的安装质量失控都会导致重大质量问题的产生，控制设备质量的波动性是成套设备监理中质量控制的重要组成部分。以200t/年HTS分子筛辊道窑组装定位为例，前期设计与厂家未充分沟通，导致根据图纸设备纵横中心线设备组装就位后，发现与进料螺旋混合机管口偏差300mm。最终采用增设弯管进行解决。

3. 成套设备质量问题的隐蔽性

成套设备包含了各种不同类型的零部件，有些零部件的过程质量以及由这些零部件构成的设备质量不易和不能经济地测量出来，而是在设备使用后才能暴露出来。有些要进行破坏性试验才能暴露出来，如有些加工缺陷、疲劳寿命等，这些质量问题的隐蔽性只有强化对过程的质量控制来解决。有些工序称之为特殊工艺过程，对特殊工艺过程的人员素质、机械装备、工序加工方法等全

过程要严格加以控制，以防止隐蔽性质量问题的发生。以 200t/ 年 HTS 分子筛微波干燥器安装定位为例，设备监理工程师通过加强日常巡检，发现不锈钢风管及螺旋输送机构存在焊缝漏点，有效防止物料漏粉、废气漏风。

4. 成套设备问题不易诊断和处理

大型复杂设备返修和返工难度大，解体拆卸复杂，而且消耗大量的人力、物力和财力，所以设备的质量问题必须在设备的形成过程中加以解决，如果组装结束后还存在质量问题，会引起合同各方之间责任追究和索赔等纠纷。

5. 专业协作的广泛性

成套设备是社会协作的产品，一般设备经常是几个厂家共同协作的成果。因此，对于成套设备或机组，是需要各个专业工程师共同进行管理控制。

二、200t/ 年 HTS 分子筛成套设备监理质量控制的经验和方法

200t/ 年 HTS 分子筛大型成套设备因品种繁多，要求各异，制造模式各不相同，所以简单地采取同一种控制方法无法达到理想的效果。方元监理项目部主要采用了设备厂家进场复核与评价、设备开箱验收及过程控制三种质量控制方法。

1. 设备厂家进场复核与评价

为确保所选择的承包商能够按期提交满足质量要求的设备，业主在与承包商签订采购合同前，需要对投标的承包商的技术能力、质量保证体系、人员、设备、检测与试验手段及综合协调能力等进行深入的调查分析和评价，对此，在设备安装厂家进场时，监理需要对承包商进行复核与评价。主要内容包括：

（1）承包商进场时实际情况是否与投标文件一致。

（2）与生产相关的质量保证措施、手段、程序等。

（3）组织结构和人员（包括管理、协调人员）。

（4）特殊工种人员的资质证书。

（5）仪器、工装设备（包括专用设备）。

（6）安装、调试方案的编制与审核（包括对关键工艺的评定、检验规程、验收准则等）。

200t/ 年 HTS 分子筛项目要求大型的成套设备厂家均按照上述要求报审相关资质并进行复核，从进场阶段就严把质量关。

2. 设备开箱验收

设备开箱验收是成套设备质量保证一个非常关键的环节，它不仅涉及设备的数量、型号完好性是否符合订单要求，也涉及及时、合理地索赔等商务问题。

200t/ 年 HTS 分子筛成套设备的开箱验收制定了以下要求：

（1）检查外表，初步了解设备的完整程度，清点零部件及备品是否齐全，型号是否符合，并应与箱号相对应；

（2）对所有的设备、零部件、备品设备，对其中重要的经常使用的手册、说明书应现场移交清点复核；

巡查中对现场焊工进行查证复核

（3）开箱时必须使用专用的起钉器及撬杠，禁止乱拆乱毁，以免损伤设备；同时要保持清洁，以免设备遭受污染；

（4）在开箱前后应对外包装、内部设备进行拍照，尤其是对有损坏的部位，除拍照外还应作好详细记录；

（5）开箱时厂家代表、业主、监理、施工单位应同时在现场，并对最后的开箱结果进行签认，这样可以快速有效地解决问题，节约开支。

3. 过程控制

200t/ 年 HTS 分子筛成套设备安装过程控制，由于其专业面广，很难由一名专业工程师完成。对此，方元监理针对成套设备设立设备小组，其中包括土

辊道窑莫来石砖装箱内外部照片

建、动静设备、电气、仪表等各专业工程师，并由动设备监理工程师担任组长，负责对各专业问题进行通报、组织协调，较好地完成了200t/年HTS分子筛成套设备安装过程质量控制。

（1）安装过程控制

安装过程控制是指对安装过程中影响设备最终质量的关键安装过程进行控制。关键安装控制的主要工作内容包括：对关键工序进行工艺评定、了解该工序设备实际运行状态、核查审核特殊工种的资质证书、操作证等，检查工序工艺文件，检查施工记录，检查该工序操作实施情况，复查工序测量、检测记录，对有怀疑的记录进行抽查复核。

（2）关键试验、检验过程的见证

关键试验、检验过程见证是指对设备性能试验、测试进行现场见证，这类试验通常包括中间测试、性能试验、型式试验等。

（3）安装调试过程的控制

设备总装调试过程是设备形成过程中最重要的过程，设备只有经过总装调试后才能形成真正的生产能力而被人们使用，因此该过程的质量监理非常重要。监理工程师应按照监理合同要求，跟踪监控设备总装DCS调试过程，使设备局部及整体性能、运行功能及生产能力达到合同的要求，使设备质量符合国家的技术规范和质量标准。以辊道窑调试为例，辊道窑调试主要分为三个部分。

第一个部分为厂家设备自调，这主要包括机械输送装置调校、设备电气仪表元器件单校、窑炉温升系统调试。这期间监理对设备的质量控制主要依据的是厂家设备使用说明书、设备调试方案。

第二个部分为PLC系统调校，这主要包括PLC逻辑关系检查确认、PLC控制调整复核。这期间监理对设备的质量控制主要依据的是PLC设计图纸以及车间人员现场交底。

第三个部分为DCS对整个系统的调试反馈确认。这主要包括PLC控制与辊道窑现场反馈的复核等。

其中第一和第二两个部分可以同时进行，第三部分必须等前两部分调试合格后方可进行。而监理质量控制的重点主要在第一部分和第二部分。第三部分往往计入设备联运，监理只是参与，通过对前两部分的严格把关，最终确保设备一次开车成功。

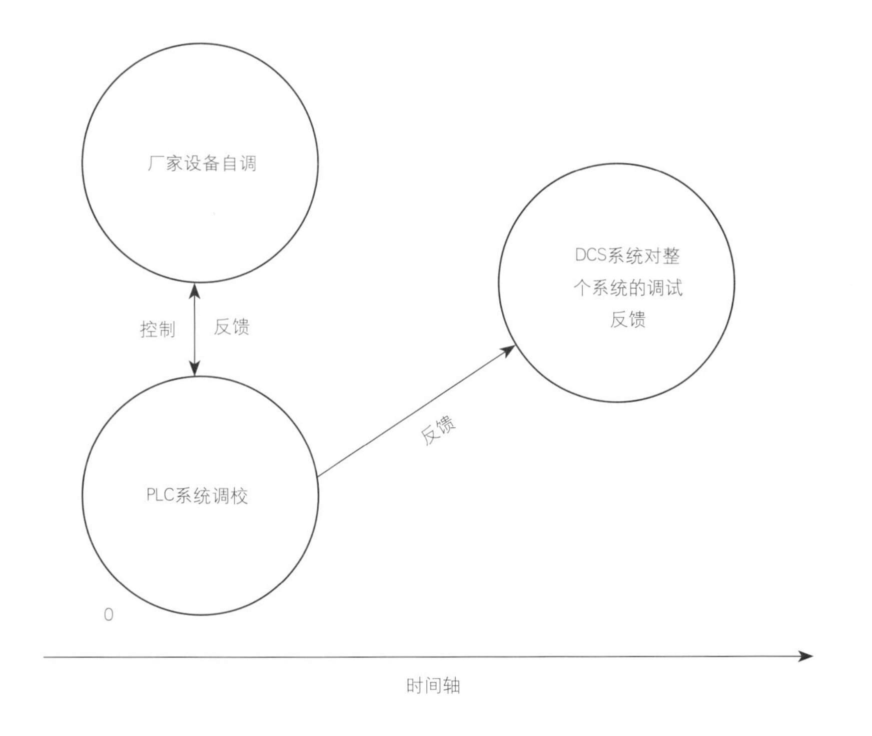

辊道窑调试内容示意图

三、200t/年HTS分子筛成套设备质量控制的不足

200t/年HTS分子筛成套设备质量控制的主要不足在于成套设备质量控制仅仅停留在施工质量方面，未能及时考虑或协助业主对合同中厂家与业主工作界面的划分。例如耐酸微波干燥器基本组装完成后，才发现由于厂家未提出具体要求，致使设计未设计仪表风线。

针对上述不足之处，主要的解决方法就是：

1. 加强对承包商及产品的考察与评价，熟悉产品主要构成和工作原理，使监理人员能够在设备开箱验收及图纸审核阶段发现不足和漏洞，及时关闭。

2. 建议业主采取驻厂监造方法，对设备形成的全过程进行监理。这是质量监理方法中耗费人力物力最多但最可靠的一种控制方法。

总之，影响成套设备质量的因素有五个：人员、机器、材料、方法和环境。从准备总装开始到调试完成交工验收结束的全过程都应对这五方面的因素加以监控，才能确保设备质量。

指挥部模式在南宁火车东站片区基础设施群体项目管理中的应用

同济大学复杂工程管理研究院　乐云
上海科瑞真诚建设项目管理有限公司　罗晟　李东宇

摘　要： 为应对大型群体项目的管理复杂性，南宁火车东站片区基础设施项目采用了指挥部模式进行项目管理。结合项目特点，指挥部初始设计了包括8个工作组在内的组织结构，后根据项目实际进行了相应的动态调整。文章详细介绍了总体控制、信息管理、现场协调3个主要工作组的工作内容、工作方法和工作要求，可为同类群体项目的管理提供重要经验和借鉴。

关键词： 指挥部　南宁火车东站片区基础设施项目　组织结构　总体控制　信息管理　现场协调

一、项目概况及管理复杂性

南宁火车东站片区是位于南宁市凤岭北路以北、环城高速公路以南、凤凰岭路以东、高坡岭路以西的约 2.59km^2 的围合区域。南宁火车东站片区基础设施群体项目建设涉及城市立交、市政道路、综合管廊、地下空间、地面广场、轨道交通换乘站、长途客运枢纽、送变电工程等内容，共包括 19 个子项目，总投资概算高达 138.27 亿元，是为南宁东站顺利运营提供综合配套的特大型市政基础设施工程。

不同于普通单体工程，该项目的复杂性不仅仅直观地体现在投资大、规模大、技术复杂等方面，管理复杂性才是项目建设过程中遇到的最大挑战[1][2]。具体而言，包括以下几个方面：

1. 主体目标多元性

作为项目的主要管理者和领导者，政府及其相关部门希望片区项目建设能够从宏观上提高南宁市的交通承载水平，带动区域经济发展；作为项目的被服务对象，铁路部门希望项目建设进度能够与南宁火车东站开通运营保持同步；作为项目的实际建设者，项目业主单位和设计、施工、监理单位希望按有关要求完成好质量、成本、进度目标，并获得一定利润；作为项目的最终受益者，广大市民旅客希望得到尽可能舒适、便利的服务。主体参与的复杂性造就了项目建设目标的多元性。

2. 信息管理复杂性

信息管理对于高层管理者进行决策的重要作用显而易见，而信息集成和分析是信息管理的重要前提。片区项目存在大量设计交叉、施工交叉的情况，但 19 个项目分属 5 个业主单位和十几家施工单位，跨业主获取信息的难度极大，信息沟通效率的落后将严重影响项目的决策实施。

3. 现场协调复杂性

为确保各项目建设能够满足进度、质量和成本要求，政府有关部门须加强现场协调和管理。但片区项目多，建设任务十分艰巨，常规的管理模式显然无法适应该群体项目，因此另一个必须解决好的问题就是如何开展现场协调工作。

4. 管理复杂性的其他体现

除此以外，项目管理的复杂性还体现在工程开放性、建设主体的学习和适应、自组织行为等多个层面。

二、指挥部模式的组织结构设计与动态调整

为应对大型公共基础设施项目管理复杂性的挑战，指挥部模式长期以来都是较被推崇的一种项目管理模式，对于总体控制、信息集成、现场协调等方面

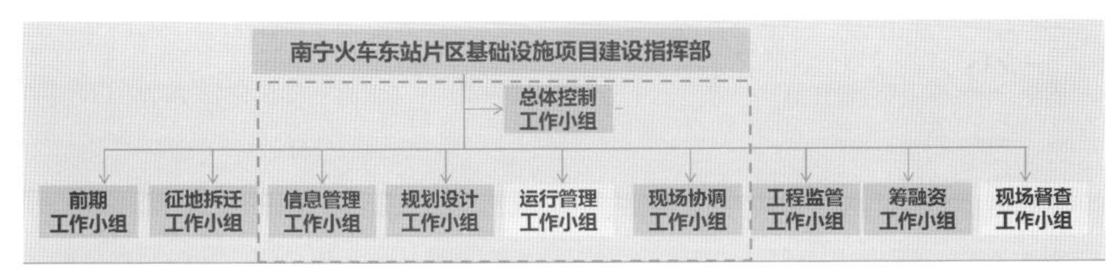

图1 南宁火车东站片区基础设施项目建设指挥部组织结构

图2 南宁火车东站片区基础设施项目建设指挥部运行机制模式

有其特有的优势[3][4][5]。但项目之间的实际情况有所差异，如何对指挥部进行合理的组织结构设计是指挥部模式管理的核心工作[5]。

南宁火车东站片区基础设施项目建设指挥部于2013年12月正式成立，根据成立之时的实际需求，共设置了前期工作、筹融资、征地拆迁、规划设计、信息管理、现场协调、工程监管、总体控制8个工作小组，总体控制小组的权利和地位高于其他小组。随着工程不断推进，项目建设过程中出现的问题越来越多，于是成立了现场督查组对涉及施工进度、质量等问题采用问责机制；同时，为及时满足南宁火车东站开通运行时对周边基础设施的基本要求，后又专门设立了运行管理工作小组，专门负责有关运行管理筹备的工作。上述对组织结构的不断调整十分符合项目管理理论中常常提到的动态控制原理。

指挥部目前的组织结构如图1所示，各小组的成员主要由南宁市内各相关职能部门人员组成。但为了更好地完成总体控制、信息管理、现场协调等重要工作小组的职能任务，南宁市政府特与专业的项目管理公司合作开展相关工作。

三、指挥部管理模式分析

基于对大型复杂工程管理组织管理特征的分析，结合本项目的组织结构设计，指挥部提出该基础设施项目总体项目管理的理念为：以进度推进为系统最重要目标，以总进度计划与控制为抓手，以构建整个总体项目管理系统为现场指挥部首要工作重点。指挥部具体管理分以下三个阶段稳健推动系统前进（如图2所示）。

1. 明确系统目标和对象

工程质量、安全、投资、进度目标往往彼此矛盾又统一，但是对于当地社会经济环境影响重大的大型复杂工程，其质量和投资目标的控制责任主要应该由各业主单位等一线主体承担。作为政府的派出机构——现场指挥部主要职责是协调工程的整体推进。同时，进度信息又是质量、投资、组织结构等各方面存在的问题最直观的反映和综合集成。因此，应明确现场指挥部的最重要目标是确保2014年底该基础设施群之一的高铁车站顺利运营，这是必须完成的项目的进度目标。

有了明确的主导目标，工作才有方向。但是在现场指挥部成立之前，4家业主单位18个项目，每个业主都只是负责各自项目的目标；从整个项目群考虑，子目标之间存在彼此制约，不可能所有项目都在2014年底完成。因此对于现场指挥部，缺少明确的2014年重点工作对象，需要尽快考虑该基础设施的整体目标，梳理整个基础设施的项目结构。

在确定2014年底高铁车站顺利运营而必须完成的项目的进度目标是现场指挥部的最重要目标之后，对18个项目进行项目结构分析，提炼出既能保证交通通行，又能克服现场制约因素的项目；这样就将原来彼此分离或彼此制约的各项目业主形成整体，进一步发掘必须保障的市政配套设施项目，最终形成整个项目群统筹意义上的必保项目结构。

2. 构建总体项目管理系统

对于大型群体复杂工程，现场指挥部不可能也不应该管理、控制所有的工作。应有所为，有所不为，因此现场指挥部最重要的工作任务是尽快构建总体项目管理系统，将所有参与单位的目标与工作都纳入管理系统的轨道之中，化各自单位利益为整个系统的全局目标，共同推进整个系统前行，实现整个项目群的统一目标。而要凝聚共识和合力，既需要构建平台以规范行为，也需要提供空间以施展拳脚，因此总体项目管理系统需要下述机制。

1）进度计划控制机制

为保证现场指挥部的最重要目标——必保项目进度目标的实现，需要建立统一的进度计划体系，包括现场指挥部层面的项目总进度计划及里程碑节点，各业主单位层面的年度、月度进度计划。其中项目总进度计划及里程碑节点是保证必保项目进度目标的实现的定量体现，也是统领各业主单位编制和执行年度、月度进度计划的依据。各业主单位月度进度计划既是现场指挥部定期控制、考核业主单位进度推进的指标，也是每一个里程碑节点实现的基础。

2）组织保障机制

实践证明，驾驭大型复杂工程的基础是拥有驾驭能力的复杂组织系统。因此需要明确、细化现场指挥部各工作小组和实施主体的组织结构、岗位职责、工作内容分工、管理职能分工、各项工作办法与流程、表式等。此项工作可分解为各工作小组的工作手册，并最终集成为现场指挥部工作手册，固化、细化、规范化建设主体的工作内容与职责。

3）制度办法机制

构成总体项目管理系统的各家实施主体和个人都有自身的利益与工作方式，要在短时间形成合力，现场指挥部需要共同的工作平台和语言，因此需要建立各类管理制度、工作办法，包括但不限于工程现场管理办法、工程质量验收管理办法、安全生产文明施工管理办法、工程函件报告管理办法、工程文件往来及档案信息管理办法、工程会议管理办法等。

4）自组织管理机制

业主单位对一线工程项目承担工程质量、安全、投资的最终责任，同时业主单位是拥有自身利益，也拥有主观能动性的有机组织，因此现场指挥部不能生硬指派命令。一方面，现场指挥部应要求各家业主单位明确、上报本项目的专职组织结构，包括第一责任人，专职分管领导、专职信息专员等，并明确他们的工作内容和职责。另一方面，现场指挥部结合总进度计划和里程碑节点，制定并与各家业主单位第一责任人签订责任考核体系文件，在给予自主发挥空间的同时，利用规范机制保证业主单位的利益最终符合整体系统目标。

5）协调控制机制

现场指挥部主要通过信息管理和会议管理实现对整体系统运作的控制。信息管理机制要求各家业主单位和工作小组确定专职信息专员，根据信息管理办法及时、准确、全面上报项目信息，由信息管理小组集成、提炼、上报信息分析结果，供高层领导有效、迅速决策。会议管理机制通过不同层级的会议体系全面覆盖不同类型和层级的问题，例如总控工作小组会议定期了解各业主单位每周工作进展和问题，着力布置、解决专业技术问题，协调例会着力解决跨部门政策和财政问题。各工作小组根据上述会议的决议自行展开工作会议推动问题进展。

6）项目文化机制

管理文化即是规范化、科学化管理的更高阶段，也是引领自主主体行为，增强凝聚力，成为重要的工程建设的“软实力”。现场指挥部可以通过项目文化构建和劳动竞赛组织等多种方式，以管理柔性力来凝聚人心、形成团队，化被动管理为主动协调，并最终形成该基础设施项目独有的建设总体战略原则和方针、项目建设总体模式、项目建设核心价值观。

3. 协调、控制、不断完善系统推进

总体项目管理系统初步建立后，现场指挥部应着力通过信息管理和会议解决问题为媒介，整合所有参与单位，共同推动系统目标的实现。同时应该看到，总体项目管理系统本身即是一个逐步完善、动态控制的过程。

四、结束语

实践证明：指挥部模式在南宁火车东站片区基础设施群体项目管理中具有适应性和探索性，合理的组织结构设计是指挥部发挥功效的重要前提，恰当的组织结构调整对于满足项目的动态变化具有重要意义。

成熟的项目管理需要清晰的管理思路和模式创新，本案例的指挥部运行管理模式研究可以为同类项目提供一定的参考和借鉴。

参考文献

[1]盛昭瀚，游庆仲．综合集成管理：方法论与范式——苏通大桥工程管理理论的探索[J]．复杂系统与复杂性科学，2007（2）：1–9．

[2]盛昭瀚，游庆仲，李迁．大型复杂工程管理的方法论和方法：综合集成管理——以苏通大桥为例[J]．科技进步与对策，2008（10）：193–197．

[3]乐云，张云霞，李永奎．政府投资重大工程建设指挥部模式的形成、演化及发展趋势研究[J]．项目管理技术，2014（9）：9–13．

[4]席飞跃．全面推行“指挥部模式” 加快推进重大项目建设[J]．发展，2011（10）：39–40．

[5]袁欣樾．政府投资项目管理模式研究及改进[D]．石家庄经济学院，2013．

项目管理的实施策划

上海同济工程咨询有限公司　罗洋静　罗晨　房放

摘　要： 工程项目策划是业主方项目管理的重要组成部分，包括项目决策策划、项目实施策划和项目运营策划。其中，项目实施策划是在决策策划的基础上完成的，其核心任务是解决如何组织项目的实施。本文以某银行总部大楼项目实施策划为例，从项目环境调查和分析、项目目标分析和再论证、项目组织结构策划、项目合同结构策划等方面阐述了项目实施策划的主要工作，旨在探讨项目实施策划在项目管理中的重要作用。

一、工程概况

1. 项目基本情况

该银行总部大楼项目总投资15.2亿元，其中工程投资10.585亿元。总用地23504m²，容积率≤3.7，建筑高度150m，地上31层，地下2层，包括主楼及东、西附楼。项目按照甲级标准智能建筑设计，以功能需求为出发点，以建筑为平台，兼备建筑设备、办公自动化及通信网络系统，集结构、系统、服务、管理及它们之间的最优化组合，向业主提供一个安全、高效、舒适、便利的建筑环境。

2. 项目主要功能区域

主要包括通用办公、营业、行领导办公、会议中心、保险金库、职工食堂及活动区域、车库、设备用房、管理用房等区域。

3. 项目计划建设周期

自2012年1月1日起建设周期不超过4年，2016年1月1日前投入使用，前期准备期12个月，施工工期36个月。

二、项目管理范围和周期

1. 项目管理服务的范围

项目管理服务覆盖项目前期策划、项目实施（勘察、设计、施工）以及竣工收尾全过程，具体内容包括前期策划及前期相关手续办理、勘察设计、招标采购、施工、竣工验收和收尾等各阶段的投资、进度、质量三大目标的控制，以及合同、信息、风险管理和组织协调等。

2. 项目管理服务的周期

项目管理服务单位通过公开招标选择，项目管理委托合同约定的服务周期自2012年1月开始，共计54个月。

三、本工程的项目实施策划

1. 对项目实施策划的理解

“策划”一词，在辞海中解释“策”为计谋，“划”为计划、打算。工程项目策划是指通过收集资料和调查研究，在充分占有信息和资料的基础上，针对项目的决策、实施和生产运营，进行组织、管理、经济和技术等方面的科学分析和论证，为项目的决策、实施和生产运营服务。根据策划目的、时间和内容的不同，工程项目策划分为项目决策策划、项目实施策划和项目运营策划，其中项目实施策划是业主方专业管理的重要组成部分，也是成功实施各项管理活动的基础和前提。

2. 本项目实施策划的主要工作

项目实施策划最重要的任务是定义如何组织项目的实施，是在决策策划的基础上完成的。本项目在前期决策策划包括以下主要工作：

（1）对项目政策环境、市场环境、建设环境及建筑环境等进行调查和分析。如对建筑环境的调查和分析包括场地现状（场地已平整，无贯通道路和市政管网，四周已经有围墙封闭，因受机场影响实体建筑限高 150m 等）、周边状况（西侧为金融及商业板块，南侧毗邻江边景观带及滨江大道；北侧和东侧为规划建设中的城市道路及商务金融区）、交通状况（南侧毗邻滨江大道，西侧为鳌峰支路，北侧和东侧为规划建设中的城市道路，通过城市快速路，行程 28km 可达国际机场等）、基础设施条件（供水、供电、燃气、通信与网络、排污、雨水等已基本具备条件）、自然条件（气候气象、地形地质、场地地下水、环境保护状况及要求等情况需进一步收集、了解或探明）等。

（2）对项目投资、进度、质量等目标控制进行分析和论证。经分析论证，本项目质量可力争获省级优质工程奖，但投资因受建设标准、建筑市场价格周期等影响控制较难，建议在实施过程严格控制设计标准，采用限额设计、优化设计等措施加强设计过程中的投资管理，加强施工发包控制设计标准，采用限额设计、优化设计等措施加强设计过程中的投资管理，加强施工发包模式的策划和管控，加强施工合同的事先和事中管理，防止各类额外费用的发生，严把签证关等。对于进度目标进行分析论证后，编制了工程主要工作节点进度控制计划，力争实现进度期望的目标。

（3）项目组织结构的策划。组织是项目目标能否实现的决定性因素。项目组织结构的策划，是项目组织实施和确保项目管理服务单位开展各项工作的前提，为明确项目参与的任务分工和管理职能分工奠定了基础，从而为科学界

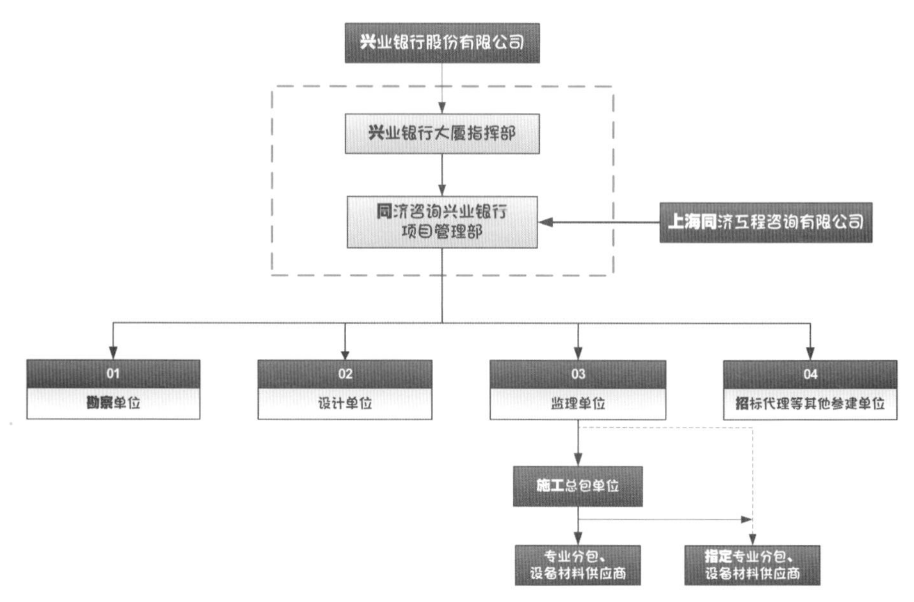

图1　项目的组织结构图

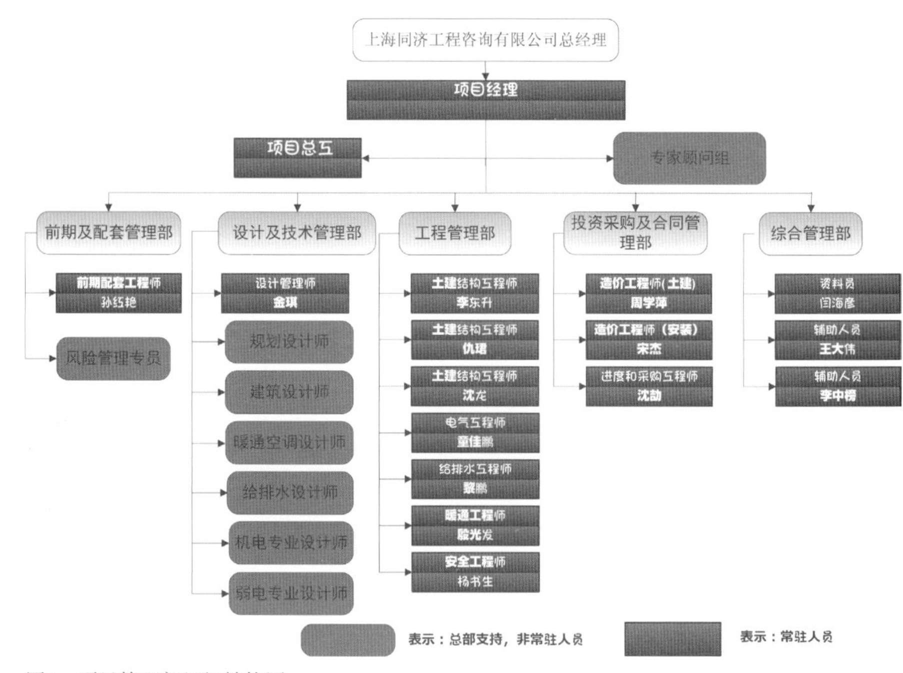

图2　项目管理部组织结构图

合同与采购管理工作各参与各方管理职能分工表 表1

阶段	序号	任务	业主单位	项目管理	政府	招标代理	设计	施工	监理
合同与采购管理	9	招投标方案	决策	审核	审查	编制	配合		
	10	招标文件	批准	审核		编制	配合	配合	配合
	11	招投标	决策	组织	监督	执行	参与	参与	参与
	12	合同谈判	授权决策	主谈		配合	配合	配合	
	13	合同编制及签订	决策	审核	备案	编制			
	14	合同履行管理	检查	负责		配合	配合	配合	参与
	15	合同变更管理	决策	负责		配合	配合	配合	参与
	16	合同档案管理	检查	负责		参与	参与	参与	参与
	17	投资监控	决策	检查及报告			配合	配合	配合
	18	签证管理	决策大额签证	负责			审核	申请	审核
	19	工程款支付管理	审批	管理审核				申请	工程量审核
	20	竣工结算	决策	管理审核				编制申请	参与

定各方职责和制定实施阶段的工作流程创造了条件，也为业主提供一个机会来初步了解我们对本工程进行管理的思路和方法。为此，我们基于本项目结构分解（PBS）策划了整个项目的组织结构（如图1所示）和项目管理部组织结构（如图2所示），并进行了相应的任务分工和管理职能分工策划，以及实施阶段的工作流程等。表1是本项目合同与采购管理工作各参与各方管理职能分工表。

（4）项目合同结构策划。依据本项目结构分解（PBS）进行了本项目的合同结构策划，如图3所示。

（5）管理策划。依据项目管理服务委托合同，项目管理部编制了项目管理服务范围内各阶段项目管理内容、方法、流程、要求和措施等管理实施方案，包括前期策划管理、前期配套管理、勘察设计管理、招标采购管理、施工管理、竣工验收和收尾管理等，下面以前期配套管理为例进行简单介绍。

（6）其他策划。在项目实施策划中，项目管理单位还进行了项目信息管理流程、项目设计和施工实施技术、项目风险管理和项目经济效益等方面的实施策划。

四、项目实施策划的效果和体会

1.加深了对项目的统一理解，有利于推进项目的全面实施

由于时间紧，本工程在项目决策策划阶段对建设项目建设目标、建设标准、建设的组织管理以及技术经济等方面存在分析、论证和研究深度上的不足，通过项目实施策划，进一步明确了项目的定义、功能和标准，明确了项目的建设环境和投资、质量、进度的控制目标，使业主和项目管理单位对项目实施的目标、过程、组织、方法和手段等形成更加统一的认识，对项目前期管理、勘察设计、招标及合同管理、施工管理等各阶段的工作重点和难点更具系统的认识，对项目的全面推进取到了事半功倍的效果，避免了项目实施的随意性和盲目性。

2.预定了参与各方的角色定位，有利于促进项目的有序实施

通过整个项目组织结构的实施策划，事先明确了业主、项目管理公司、勘察设计、招标代理、监理、施工总分包、材料设备供应商等各参与单位的组织关系和角色定位，从而也明确了整个项目实施的组织管理模式和各方管理职能分工，为项目建设任务的分配和合同关系网络的建立奠定了基础。同时，通过项目管理单位组织结构的策划，为项目管理单位的组织管理、任务和管理职能分工、资源配备、流程设计、制度制订等创造了条件，有利于项目管理任务的全面履。因此，通过业主和项目管理单位对整个项目组织管理系统的有机策

图3 项目合同结构策划图

划，使项目参与各方能以业主方项目管理为核心，协同工作，更有效地去控制各项目实施各阶段质量、进度和投资目标，优化项目各个环节的管理，从而促进项目的有序实施，实现最佳的管理效果。

3. 通过项目合同结构的实施策划，有利于控制目标的有效落实

项目实施过程中，对质量、进度、投资目标的控制最终都反映在对合同的有效管理中。因此，在项目实施前进行项目合同结构的事先策划，建立合同管理体系是十分必要的。合同结构策划是建设单位对工程任务和风险分配、材料供应方式、项目控制幅度和深度、资金合理分配和使用等的实施策划，也是对项目未来发包模式和采购方案的制定落实、合同标的的确定和工作界面的划分、合同的过程管理、索赔风险的防范等的基础，对控制目标的有效落实将起到至关重要的作用。

4. 项目建设各阶段管理工作的策划，有利于工程项目建设质量的确保

项目前期配套管理工作的实施策划可以保证项目投资建设的合规性、确保项目后期实施的顺利；项目设计管理工作的实施策划直接影响设计单位和设计方案的选择，从而影响到设计质量的优劣，影响到建设投资的多少（约70%~80%以上）和建设工期的长短，直接决定人力、物力、财力的投入量。同样，项目施工招标的实施策划直接影响到施工单位的优劣、合同的有效履行和项目建设的成功与否。因此，项目建设各阶段管理工作的策划，是确保工程项目建设质量的关键。

五、小结

项目实施策划最重要的任务是定义如何组织项目的实施，是在决策策划的基础上完成的。使项目实施的目标、过程、组织、方法和手段等更具系统性和可行性，是落实项目目标、推进项目全面实施、进行项目有序管理和确保项目建设质量的基础和保证。

在PMC+EPC模式下建设工程项目监理探索

山西诚正建设监理咨询有限公司　冯国斌　胡红安

摘　要： 山西诚正建设监理咨询有限公司参建的新疆国泰新华一期项目，建设单位采用PMC项目管理、EPC工程总承包的建设模式。本文主要在PMC、EPC模式下，分析监理工作自身定位、质量和进度控制、各种复杂关系协调等诸多方面面临的问题和挑战，希望对同行能起到借鉴作用。

关键词： PMC　EPC　建设监理　问题

一、PMC 模式

PMC 模式为“合约式管理”，即工程项目管理型企业与业主之间通过合同关系接受业主的委托与授权，对建设项目进行管理，为业主提供专业化的项目管理服务。建设项目的业主一般不直接管理项目建设，而 PMC 作为业主的代表或业主的延伸，帮助业主在项目前期策划、可行性研究、项目定义、计划、融资方案，以及设计、采购施工、试运转等实施过程中有效控制工程质量、进度和费用，保证项目的成功实施，达到项目寿命周期技术和经济指标最优化。

二、EPC 模式

EPC 模式直译为“设计、采购、施工”，也称“交钥匙工程”，EPC 总承包模式是指建设单位通过固定总价合同将建设工程项目发包给总承包单位，由总承包单位承揽整个建设工程的勘查、设计、采购、施工，并对所承包建设工程的质量、安全、工期、造价等全面负责，通过系统优化整合，最终向建设单位提交一个符合合同约定、满足使用功能、具备使用条件并经竣工验收合格的建设工程承包模式。

PMC 项目管理和 EPC 总承包是当前国外的主流模式，随着许多外方投资项目在我国投入建设，这种工程承包的方式也逐渐被国内工程领域人士所熟悉，国内大型工程项目也有采用，例如本公司参建的新疆国泰新华煤化工项目就是采用 PMC+EPC 模式，作为监理单位在这种双重模式下如何监理面临许多新问题，在此愿与同行探讨。

三、PMC 与 建设监理关系

实行 PMC 管理模式的建设项目中的项目管理企业可以看成是建设项目管理的第二个主体，也就是我们工程建设中的“小业主”，在整个项目建设过程中业主方的管理依旧是整个项目管理的核心；PMC 型项目管理模式更加侧重于利用自己专业的知识和丰富的管理经验对项目的整体进行有效的管理，使项目高效地运行。

工程建设监理是通过业主委托与授权后对项目进行的一种管理活动，工程监理是依据现行的法律、法规、工程承包合同及已批准的设计文件等进行的一种微观监督活动。

新疆国泰新华煤化工项目实行的是 PMC 项目管理下的 EPC 总包模式，我们山西诚正监理公司新疆监理部接受委托对工程质量控制、进度控制、投资控制和安全管理。面对管理模式新、施工单位多、单位工程复杂等特点，我们认真总结面临的困难，分析自己的优势，对自己准确定位，明确了我们是在业主和 PMC 共同管理下的建设监理。

监理单位的优势在于施工过程质量控制和安全生产管理工作的监督管理及施工过程的资料管理，而对于总工期和投资控制，往往控制力度不足，对于信息和合同管理及关系协调，作用也比较有限。PMC 项目管理与建设监理分工明确，职责清晰，充分融合，高度统一，沟通顺畅，决策迅速，执行力强。

在新疆国泰新华煤化工项目上，业主要求我们建设监理与 PMC 协调配合，发挥各自所长，加强沟通，建设监理服从 PMC 项目管理的总规划、总进度、总协调要求，服务于业主的工程质量、进度和投资控制的要求。为了避免在工程管理过程中的重叠，造成人力资源的浪费和责任不清的问题，两者的责任划分在合同签订时就加以区别和限定，形成互补。各方之间的合同关系见右图。

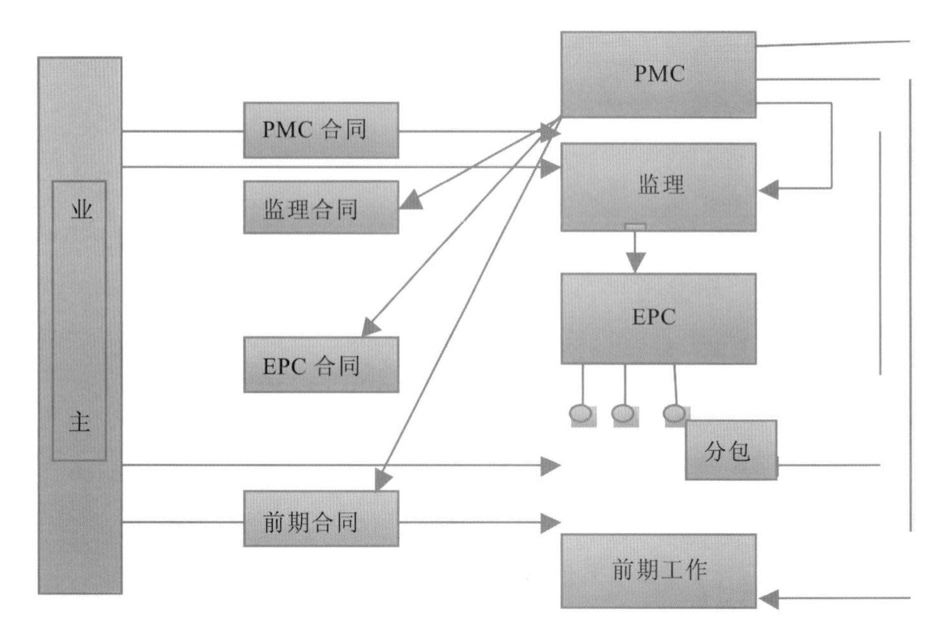

四、EPC 模式下的监理问题

1. 工程监理队伍实力不够或受传统模式的影响

在工程监理队伍中，监理工程师主要缺乏经营管理知识和法律知识，缺乏对国际惯例和 FIDIC 条款的掌握，缺乏全方位控制的能力，缺乏真正掌握高技术的人才。由于人才不配套，大多只能运用技术手段进行质量检查，而不能运用经济手段和合同手段进行全方位全过程控制；在遇到一些技术问题时大多依赖和遵从设计单位的意见，自然不能充分发挥监理的作用。由于项目管理与控制能力的薄弱，只能在现场进行质量监督工作，与业主所签监理合同的管理权限存在较大差距。

2.EPC 总承包模式下工程监理的总体定位

在 EPC 总承包模式下，业主只与 EPC 总包商签订合同，监理对施工单位的管理是通过 EPC 总承包商实施的。

3.EPC 总承包模式下工程监理的主要职责

国内的 EPC 总承包商一般都是由大型设计院转型而来，具有先天的综合

专业技术优势和一定的抗风险能力。以此为依托，EPC 总承包商具有较强的设计能力、采购技术支持、商务议价能力以及施工过程的设计服务能力，但其施工管理能力有限，往往是其软肋。因此，在 EPC 总承包模式下，可以充分发挥监理的施工管理优势，达到优势互补的效果。但其施工管理既要依据 EPC 总承包合同面对总包商，又要越过总包商面对施工分包商，在关系协调方面也对监理单位提出了更高的要求。

五、PMC、EPC 模式下如何发挥监理的作用

新疆国泰新华煤化工项目，投资100 亿，工程采取了 PMC 管理下的 EPC 总承包模式，如何做好 PMC 管理下的 EPC 工程项目的建设监理，对于我们监理企业来说是一个新的课题，也是一个新的挑战。

业主、PMC、监理、总包单位是本工程建设的四驾马车，既相互协作，也相互牵制。作为监理单位，理顺和处理好与业主和 PMC、总包单位关系，分清界限，才能使工程朝着正确的方向运转。在项目初期，发生意见分歧，在所难免。监理项目部通过摆事实，讲道理，最终取得了各方的理解。

在工程建设过程中，我们首先要考虑的是监理工作定位的问题，通过和业主、PMC 单位的沟通，确定以质量控制、安全文明施工管理为中心，协助业主、PMC 进行投资控制，监督 EPC 总包单位进度管理的监理工作思路。下面从四个方面谈我们是如何开展监理工作的：

（一）质量管理方面

在监理过程中，严格按照设计、规范、标准及现场管理制度的要求开展监理工作。秉承“细节成就完美”的理念，从工程伊始就严把质量关，认真做好事前、事中、事后控制。对 EPC 每天除了正常的巡检、验收外，进一步加强对重要工序、关键部位的监理，从“人、机、料、法、环”方面加强对 EPC 质量体系的督促检查。

针对 EPC 有其自身完善的质量、安全、进度、投资控制体系，监理方主要监督其各种管理体系的执行情况，出现问题及时纠偏，要求 EPC 管质量的专工工作在现场，督促分包单位的质量、进度管理体系正常运转，要求他们对现场的质量问题先看到，说到，做到，分包单位的质量管理人员自检合格后报验总包进行验收，EPC 总包对每一道工序进行验收合格后，书面验收资料报验监理，监理方在验收结果的基础上抽检，合格后方允许进行下道工序施工，做到层层报关。强调监理的工作就是程序性、审查性、符合性，从承包单位的“质检员”这个误区中解放出来。

监理过程中，旁站是施工阶段质量监理的重要手段，但是绝不是监理工作的全部活动。过分强调旁站，导致业主认为，监理就是旁站，只要有工人干活，就得有监理人员盯在作业现场。为了扭转监理就是旁站的观点，为了纠正旁站监理认识的误区，同时也由于国泰新华煤化工项目施工现场占地 6000 亩，大小 8 个 EPC 总承包单位，分包单位多达 24 家，同时在建的单位工程 60~70 个，如果全部实行旁站监理，派上 100 名监理人员也不够用，因此我们监理部在进场之初就提前制定相关监理程序和质量管理制度，要求在重点部位、重要施工工序分包单位的管理人员必须在场，总包单位专工现场督促检查，监理巡查总包、分包单位管理人员在岗情况，对于不在岗的管理人员按下发的管理制度进行一定的经济处罚，使监理工程师从旁站的工作中解放出来，做到巡查到现场去发现更多质量安全问题，通过一年多的实践，证明这种对 EPC 和分包的管理是可行、合理的，也取得了不错的效果。

由于现场 EPC 总包单位多，每周的监理例会分区域召开，邀请业主工地代表、PMC 人员参加，先由总包各专业工程师对分管区域内的问题进行一周综述，上周例会提出的质量、安全问题进行回复，对没有整改好的问题作出说明，限

定整改时间和责任人，专业监理工程师对本周出现的质量、安全问题进行点评，提出整改要求，对下周将要施工工序提出质量预控措施，对可能存在的安全隐患提出预控要求，各分包商负责人列席会议，有需要解决的问题在会上提出，做到及时上传下达，信息传递及时顺畅，这样的监理例会短小而富有成效。

严把技术审查关，尤其是施工图的审查，及时督促EPC总包进行图纸会审，对图纸存在的问题严格把控，如在乙炔装置区由于总包将该区域图纸设计分包出去，而设计方又对厂区情况不是很清楚，监理及时汇报业主和设计方联系，对图纸的个别错误进行了修改，保证了基础处理工程正常进行。

在EPC模式下，总承包商可能会权衡技术的可行性和经济成本，导致技术的变更比较随意，由此导致监理工程师无所适从。新疆国泰新华煤化工项目华陆EPC施工现场就发生过几次这样的现象。改变所用材料或原图结构（主要原因是材料价格高且很难买、施工难度大），施工方把情况告知总承包商，监理方很快收到一份技术变更通知单，材料等就会变更、施工工艺按现场达到的情况进行变更。这种情况的屡次出现，影响到了工程质量和使用寿命，因此我们

建议业主EPC总包的变更必须经过监理及业主的审查通过后，方允许变更，有效遏制了EPC总包的随意变更问题。

严控工程验收程序，确保工程质量目标，隐蔽工程、分项交接验收要经过分包自检、EPC总包预验收合格后再报验监理，验收合格后，方可进行下道工序施工，尤其是预埋件、预留孔洞的验收，杜绝发生漏项验收而造成的返工处理，经过一年多严格按程序施工，目前为止没有发生预埋件、预留孔洞遗漏的情况发生，这种控制效果很好，使施工过程质量始终处于在受控状态，保证工程进度的推进。

（二）安全生产管理的监理工作

加强对EPC现场安全文明施工的监督和习惯性违章查处力度。

对大型机械的管理，要求EPC总包、分包，人人管安全，人人要安全。强调EPC总包安全管理人员对分管分包片区内每周进行一次专项（文明施工、高处作业、安全用电、消防、大型机械等）检查，各分包单位分管安全的负责人和安全员参加，现场发现问题现场指出，检查完后，要有检查结果会议记录，下发现场安全隐患问题整改通知单，督促整改，报验监理。EPC、业主方，监理不定期督促抽查检查情况。联合业主安环部、PMC组建安全文明施工检查组，每个月末对全厂区内施工单位现场进行安全文明施工检查打分，排名奖优罚劣。

（三）工程进度、投资方面

认真审核总包单位的工程款支付计划，施工进度计划。对每一个节点工期、总工期进行监控。对照确定的三级进度计划，比对实际进度，有滞后的，分析原因，要求EPC总包采取有效措施，把进度延误赶上，不能赶工的，要求总包对进度计划及时调整。

工程进度款是承包商的命脉，利用每月工程进度款签量环节，要求总包专工和分管专业监理工程师严格核实分包已完工程量，对经验收合格工程量，专业监理工程师审核同意的情况下，才给予报量，使工程师在现场有充分的话语权，便于专业监理工程师对EPC、分包商现场存在质量问题、安全问题的管控，增强监理指令的执行力，协助业主做好进度、投资的控制。加强工程成本控制，对设计变更，地基处理、合同以外的签证工作严格把关，杜绝工程费用不合理增加现象发生。

（四）工程协调方面

对于工程建设过程中出现的各类问题，除了通过工程联系单、监理通知单、暂停令、协调会，监理例会、专题会与业主、PMC、EPC总包协调沟通解决外，还建立了良好的沟通渠道，及时协调业主、PMC与总包、分包单位之间的关系。本着“精心监理、规范服务、高效优质、业主满意”的思想，通过大量的协调工作，积极解决工程中出现的问题，也通过协调工作的有效开展，牢固树立了监理的良好声誉和形象。

六、结束语

在PMC、EPC模式下，监理企业面临着新的机遇和挑战，正确确立工程监理在PMC、EPC模式下的定位，可以很好地履行工程监理的职责。PMC、EPC模式对工程管理职能的增强并不是对工程监理的否定，对工程监理主要监督职能也没有丝毫改变，只是提出的要求更高。

谈政府工程实行项目管理的实践意义

浙江江南工程管理股份有限公司　曹冬兵

摘　要： 本文通过吉林省长春科技文化综合中心综合馆工程项目管理服务实践的总结分析，阐述了政府工程项目管理服务工作重点、方法、政府投资工程实行项目管理的必要性及实践意义。

关键词： 全过程项目管理服务

长春科技文化综合中心综合馆项目是吉林省委、省政府为落实中央关于加快文化产业发展的决定，推动东北老工业基地振兴、构建和谐吉林、实现文化强省目的而规划建设的集国家光学科技馆、吉林省博物馆、吉林省科技馆、吉林省美术馆四馆于一体的大型综合展馆，是吉林省"十一五"省重点工程，更是新中国成立以来，吉林省政府投资规模最大的社会公益性项目。项目于2007年7月开工建设，2010年10月1日竣工验收，2011年5月1日正式开馆。

通过公开招标，浙江江南工程管理股份有限公司有幸成为综合馆项目的项目管理单位，负责承担综合馆项目建设的全过程项目管理服务（PM模式）。全过程项目管理服务（PM模式）是指工程项目管理企业按照合同约定，在工程项目决策阶段，为业主编制可行性研究报告，进行可行性分析和项目策划；在工程项目实施阶段，为业主提供招标代理、设计管理、采购管理、施工管理和试运行（竣工验收）等服务，代表业主对工程项目进行质量、安全、进度、费用、合同、信息等管理和控制。工程项目管理企业一般应按照合同约定承担相应的管理责任。本文对本项目项目管理模式及成效进行了全面总结，旨在探索我国目前的政府投资工程实行项目管理的实践意义。

一、PM模式案例——长春科技文化综合中心综合馆工程

1.PM模式的服务范围及职责

本工程项目管理合同约定服务范围及职责在《建设工程项目管理试行办法》

规定的内容和范围基础上作了更进一步要求和细化，项目管理服务范围更加广泛、全面，基本涵盖了工程建设全过程中的甲方管理工作，主要包括：

协助业主单位组织项目前期报建工作、项目委托（包括勘察、设计、施工等）的各项招标工作、工程建设阶段统筹管理、缺陷责任期的建设管理服务工作。包括在项目决策阶段，与项目业主共同组织设计优化工作，协助项目业主申报各项报建审查报批手续；在项目实施阶段，协助项目业主进行招标管理、设计管理、采购管理、施工管理、监理管理和竣工验收等工作，并对工程项目进行质量、进度、费用、合同、信息、安全等方面的统筹管理和控制，直到办理竣工验收手续和缺陷责任期等工程项目建设全过程的所有管理服务工作。

2. 综合馆工程项目管理任务特点及难点

1）项目功能复杂，档次定位高，质量管理要求高、难度大

基于项目功能为四馆合一，而每个馆的功能各异，遵循的设计规范标准各有要求，所以功能极其复杂。如何在设计阶段做到矛盾中统一、综合，是实现本项目建设目标的前提条件。其次，项目档次定位高。本工程为省重点工程，且为省委书记直接主抓的项目，按立项会议精神，要求建成百年建筑、省级地标建筑。对建设单位及管理公司来说，既是一份光荣，更是一份责任，项目建设期间，接待各级领导视察及媒体采访约 80 多次。

2）项目参建单位众多，组织协调工作量大

项目管理职责范围决定了项目管理部需要打交道的参建单位每个阶段都不会少。经大致统计，从开工建设到项目结束，共参与的设计单位（含专业设计及深化设计单位）共 15 家，施工单位约 20 多家，各类甲供设备材料供货单位 18 家，监理单位 1 家，招标代理单位 1 家，造价咨询单位 2 家，法律顾问 1 家，属管理单位直接需要管理的单位近 60 家。这么多参建单位都需要通过管理部的组织、指挥，促使其按时完成本项目建设过程中的相应职能，管理公司在建设过程中的组织协调工作量可见一斑。

3）投资大，工期紧，各阶段进度控制任务繁重

综合馆项目按 2006 年立项文件计划投资 10 亿元，后因省博物馆改为省美术馆和省博物馆二馆合一等系列调整，实际总投资最终达到 13 亿元。从投资规模角度来说，同当时的国内同类展馆相比，可以说是首屈一指的。

如此大的投资规模，加上东北长春每年 11 月中旬至第二年 4 月中旬的冬歇期，每年有效施工时间仅 7 个月左右。根据立项文件要求，建设工期为 5 年，而项目管理部 2007 年 3 月份组建进场时，项目拆迁工作尚未开始，前面可研及方案设计调整等已花去近 2 年多时间。为此，要在剩下的差不多 3 年不到、有效施工时间不到 2 年的时间里完成全部项目建设，针对内外精装修及安装功能纷繁复杂、要求如此之高的大型公建项目，可以想象难度如何之大。

4）功能复杂、专业性强，对管理人员的专业素质要求高

综合馆包含的四个馆在功能上均相当复杂，专业性相当强，如博物馆文物库房的十防要求、安防的特别要求，科技馆大型展览设备的预留预埋要求等，需要管理工程师充分与使用单位沟通，充分了解各馆专业技术规范要求，无论是建筑布局、装修还是设备选型，包括各馆对应的上级主管部门的专项规定等，对我们监理行业大多数人来说都是第一次接触，对管理人员专业素质要求非常高。

3. 综合馆工程项目管理工作总体思路

1）针对性组建项目管理部，明确各部门岗位职责分工

基于本项目的档次定位高、工期紧、管理难度大的特点，根据本工程合同约定职责范围，项目管理部组织机构设置原则围绕职责清晰，分工明确进行，下按管理职能分设四个部门，分别承担本工程管理任务中设计管理、工程管理、招标造价管理及综合管理工作，具体组织架构见下图。

2）以合同关系为基础，建立参建

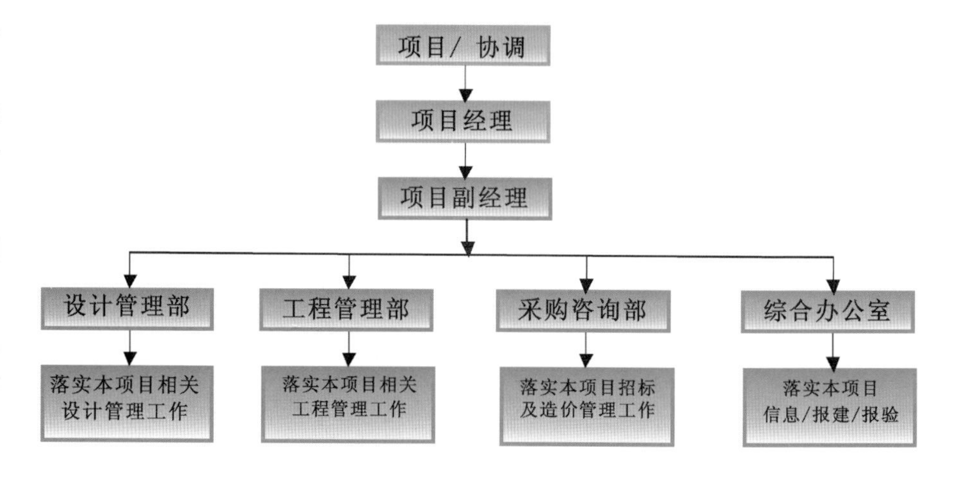

单位间责权清晰、分工明确的管理体系

一个大型项目的建设过程需要全体参建单位的分工协作，作为项目管理公司，它的最重要的职能就是通过管理、组织、指挥等管理手段的运用，促使全体参建单位构成的整个管理系统高效、有序运转，最终达到“各负其责、各司其职”的最佳状态，杜绝多头管理，杜绝管理层次不清晰等混乱状态。为此，针对本工程合同内容及职责，就全体参建单位的管理结构关系进行了明确，确保全体参建单位及参建人员都能清晰地认识到自己在这个系统里的岗位及职责（见下图）。

3）强化制度管理、程序管理，促进管理工作规范化、标准化

本工程参建单位众多且来自于五湖四海，有些单位还是来自于国外。项目一旦开工建设，整个系统开始运转，任何一个环节的不和谐都将会导致整个项目建设系统的运转受到制约，既定的节奏被打乱，对项目整体的影响将是不可忽视的。

为此，针对综合馆工程特点、建设单位的要求、当地法律法规规定等，项目管理公司针对性编制了《长春科技文化综合中心综合馆工程项目管理制度及流程汇编》一书，书中包括如会议制度、周报制度、工程质量管理制度、工程进度管理制度、工程变更管理制度、现场签证管理制度、设计管理制度、甲供设备管理制度、原材料管理制度、深化设计管理制度、工程款及合同款支付管理制度、工程竣工结算管理制度、资料档案管理制度等共计约30项专项管理制度，且对涉及需几方共同配合完成的工作均以流程图的形式清晰表达出办理流程，为现场各项管理高效有序落实奠定了坚实的基础。

4）实行目标管理，分阶段、分专业层层分解、层层落实

在项目策划阶段，管理公司围绕项目总体目标制定落实了项目设计出图总控计划、项目工程施工总控计划、项目采购总控计划，经建设单位审定后，此3大总控计划即成为贯穿项目建设全过程的核心指导文件，年、月、周、日计划按此分解并控制执行。同时在相关采购招标时，此目标同样分解后进入后期招标的各专业工程、专业单位的合同进度目标，不管是哪个专业单位，都能清晰地把握短期或长期应达到的目标，围绕清晰地目标落实相关资源投入，通过动态的检查、纠偏，最终保证实现总体目标。

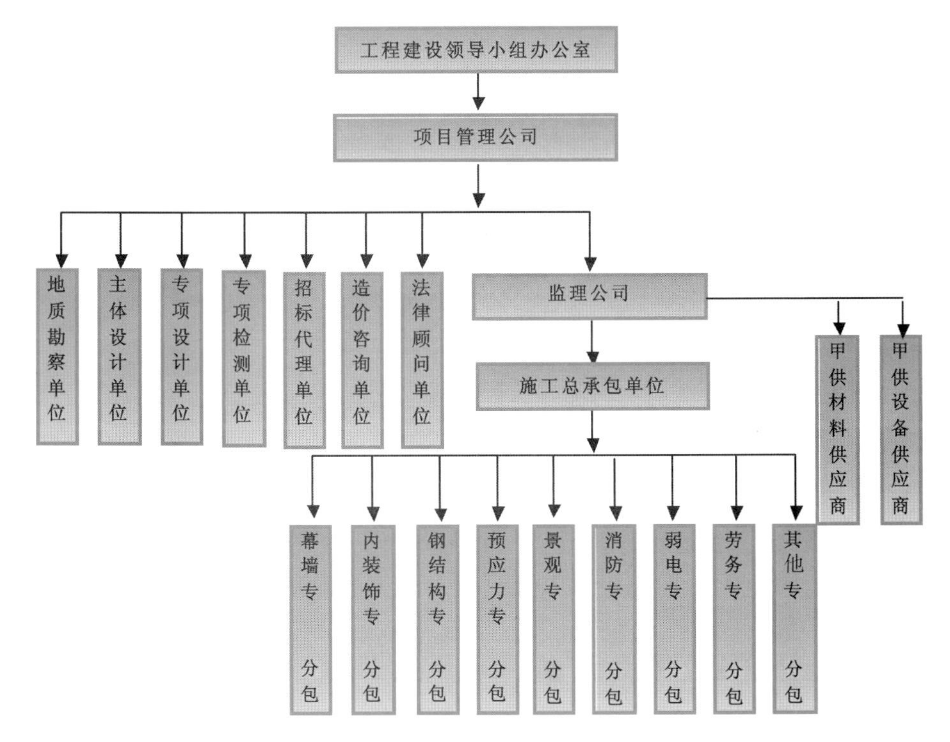

5）运用各项管理手段和管理指令，发挥组织协调职能，保障项目建设顺利推进

在项目建设过程，管理公司充分发挥了专业性及考虑问题的前瞻性，跟随建设进展，围绕各项目标及计划，提前落实各项指令，落实过程纠偏，充分利用会议、书面管理指令、口头沟通等方式就每项子任务执行过程中存在的问题或制约因素及时分析，及时发现，及时消除。本工程建设全过程，初步统计，管理公司共签发《设计管理工作联系单》220份，签发《工程管理联系单》330份，签发《采购/咨询管理联系单》160份，组织设计、采购、工程管理类专题会100多次，参加各类专题会200多次，充分发挥了管理职能，保障了整个建设系统高效运转。

6）围绕本工程管理难点工程进度控制，全面系统落实各项进度控制措施

计划编制方面：及时编制工程总控计划及设计、招标采购、现场施工等单项控制性计划，明确各项工作的里程碑节点，报建设单位批准后执行。

设计管理方面：提高设计文件特别

是施工图的质量，最大限度减少设计变更，保障施工顺利进行；协调设计单位及时审批工程变更、及时出具设计变更、及时处理现场施工中存在的各项技术问题。

目标分解方面：合理分解进度目标，围绕进度目标审核审批各项招标采购文件，及时组织各项招标采购工作，将进度控制要求在招标文件、合同文件中逐项约定及落实，加强合同管理，利用合同约束促进各单位进度控制。

材料供应方面：及时组织甲供设备招标、生产、供货，确保满足现场需要；及时督促监理单位及施工单位落实甲控乙供材料/设备的有关报审工作，提前做好样品、品牌的确认工作，避免施工期间停工待料。

工程实施方面：合理划分施工标段，清晰界定各施工标段工作界面，减少各施工标段间干扰。

协调管控方面：针对施工过程进度制约因素及时下达纠偏指令，促进监理单位及施工单位的进度控制意识，针对监理单位、施工单位、设计单位、供货单位制约进度的违约违规行为及时落实纠偏及处罚，严格执行合同约定的工期奖罚制度，利用奖罚手段促进各单位合同执行。

7）角色准确定位，充分履行职责，赢得建设单位信任和支持，推进各项管理工作

基于PM模式的项目管理并不是完全意义上的项目代建，管理公司也不具备项目法人资格，只享有建议权，并无决策权，如管理工作不能及时获得建设单位的信任和授权，各项管理工作效率无法保证。

为此，本项目开始之初，管理部各专业工程师通过兢兢业业的工作，加上较高的专业素质，很快获得业主的信任和支持。可以说，后期项目的顺利推进与业主的授权有直接关系，帮助管理公司在全体参建单位面前很快树立起了威信，反过来又促进了管理公司的管理工作质量和效率，促使管理公司与建设单位的配合进入良性循环，保障了整个项目建设过程中甲方管理工作高质高效。

4. 综合馆工程项目管理工作总体成效

综合馆工程在建设单位的领导下，在全体参建单位的团结协作下，顺利实现项目立项文件中的各项建设目标。

工程质量方面：前期各专业分项工程质量评定均达到优良，国家级最高质量奖项鲁班奖正在申报评定当中。

工程进度方面：2007年7月18日正式开建至2011年5月1日正式开馆，四年不到的时间，考虑本项目地处东北，加上建设过程中申办国家光学科技馆及同步布展工作对项目进度造成的制约，可以说，综合馆建设创造了国内同类展馆建设进度的奇迹。

工程投资方面：单就工程建设投资来说，原立项投资估算10亿元，管理单位通过设计方案及设备选型优化、风险预控、加强现场签证管理、落实业主反索赔等有效手段，最终结算实现节约投资约5668万元，经济效益显著，作为吉林省政府第一个实行项目代建管理的项目，巨大的社会效益和经济效益得到了各级领导及社会各界人士的好评。

二、政府工程实行PM模式的实践意义

通过长春综合馆项目全过程项目管理工作的总结，结合我公司承担的其他政府工程项目管理工作实践来看，政府工程实行项目管理或项目代建是具有重大实践意义，具体体现在以下几个方面：

1. 有效提升工程项目管理专业化水平，提高项目投资综合效益

随着经济水平的提高，政府投资项目建设规模越来越大，技术含量越来越高，同时施工单位索赔意识也越来越强，越来越规范。作为工程建设过程最高的决策单位，建设单位必须具备相应的专业素质及丰富的甲方管理实践经验。而实际上，很多建设单位缺乏专业的技术人才及工程管理实践经验。

通过聘请项目管理单位实施专业化项目管理，能有效降低政府部门专业人才的缺乏、工程管理经验缺乏带来的决策风险，提升项目投资的综合效益。如果

是政府临时组建项目班子，工程干完就散摊子，将无法保证足够的专业性和丰富的经验，导致项目成为“超规范超预算超决算”的三超工程自然就不奇怪了。

2. 实现政府工程建管分离，实行专业化、统一化管理

实行项目管理，从机制上强化了管理体制，符合政府工程“建管”分离的改革方向，保障了政府投资工程实行专业化、统一化管理，按照“投资、建设、监管、使用”分离的原则，建立职责明确、制约有效、科学规范的政府投资工程管理运作机制，提高政府投资效益和管理水平。

项目管理单位作为社会专业管理单位，通过公开招标，市场竞争，获得项目承揽权，通过签订《项目代建合同》享有相应的责任、权利、义务，彻底解决了过去建设项目责任主体不明、责任不清的问题。正是基于项目管理单位在项目管理上承担的责任，有利于项目管理单位在协助建设单位实施项目管理工作过程中，排除项目实施中出现的各种行政干扰，真正实现专业化管理；而政府部门同样通过合同约定，实现了对项目管理单位的制约机制，明确项目管理目标，设立奖惩机制，既有利于激励项目管理单位不断提高管理水平、降低项目建设成本，同时也有利于约束管理单位通过专业化的管理，确保实现合同各项目标，避免损失。

3. 强化政府部门监督职能，保证决策质量与效率

实行项目管理，大大降低了政府部门在项目建设过程需耗费的精力，从繁琐的项目管理事务主办单位变换为监督单位，便于政府人员集中力量完成本职工作，也能够加强对建设工期、质量和资金合理使用的监督，有利于工程质量、进度、投资目标的实现。

一个大型工程，建设单位的甲方管理工作虽然相对宏观，但具体工作却是相当复杂，因为作为一个项目的决策者、组织者，它面临的是全体参建单位，面临的是项目建设全过程中所有需要处理的事项，从项目立项、报建、设计、采购、施工至项目竣工结算后评价等，工作量是非常大的，系统性非常强，围绕整个工程如何统筹安排推动全体参建单位分工协作，实现项目建设目标，及时落实相关指令，都是建立在具体的计划、翔实的数据基础上方能做出正确的指令和决策。

实行项目管理后，这些大量的技术工作就由管理公司负责完成，保证了建设单位决策质量和效率，避免了一方说了算的现象，规范了政府投资项目的管理行为，更有利于政府人员从繁琐的项目管理工作中解放出来。

4. 铲除政府工程滋生腐败的体制土壤，从源头上遏制建设领域腐败

基于项目管理合同约定的各项合同目标及对此应承担的责任，项目管理单位与下属的参建单位之间形成了相互制约、有效监督的约束机制，项目管理单位必须对工程的质量、进度、投资、安全承担全面的管理责任，杜绝了损失政府利益、中饱私囊的可能性；同时作为专业的项目管理人员，对目前的建设行业的法定程序、法规、法律责任等有着更为清晰也更为清醒的认识，公开、透明的社会招标代替了原来的暗箱操作，阻断了行政干预的可能，从源头上有力遏制了建设领域腐败现象的产生。

三、结语

基于项目管理单位的专业知识、丰富的管理经验、明晰的合同责任约束等，政府工程实行项目管理能有效避免因建设单位管理代表的不专业导致盲目决策的风险，切实降低建设单位项目管理成本，提高项目管理水平，保证项目实施的透明度，方便各方监督管理；同时，可以免去政府部门组织管理项目的具体任务，解决外行业主、分散管理、机构重叠等一系列问题，有利于促进政府职能转变，符合建设行业改革方向的，有利于实现政府工程社会效益和经济效益的最大化。

中国驻美使馆项目管理经验交流

京兴国际工程管理有限公司

摘　要： 本文应用工程管理的专业理论知识，结合参与的使馆项目管理工作的实操经验，对使馆项目的质量管理经验进行交流。

驻外使馆是国家对外联系的窗口，代表着国家的形象，在外交领域占有举足轻重的地位。驻外使馆的建设不是一项普通工程，更是一项政治工程。我公司于2005年承接了中国驻美大使馆工程的项目管理工作，在驻外项目的管理工作中，进度和质量的管理对项目的影响更为突出，现结合该项目管理工作的实际经历，对项目的进度、质量管理进行简单介绍。

一、中国驻美使馆项目概况

中国驻美国大使馆办公楼新建工程，位于美国华盛顿梵奈斯大街国际使馆区域内。工程场地为一坡地，南高北低，高差约为13m。建筑面积约为39678.7m^2。檐高18.96m。地上3层，地下5层。工程实际开工日期为2005年8月1日，实际竣工日期为2008年7月29日，中国驻美国大使馆举办新馆开馆仪式，本工程全面运行并投入使用，实际工期为36个月，提前2天完工。

项目的复杂性：

1. 安全保密性要求高

工程施工每个环节必须确保安全，使用于工程上的所有材料、设备，必须首先通过“安全检查”，方可“放行”，给工程施工和管理带来较多“麻烦”。为此，采取了以下措施：所有钢材国内采购；混凝土全部采用现场搅拌；现场办公区和生产区分开，工地设安检门，对出入人员进行管理，同时现场还设置安全检测系统，进入现场的所有材料、设备进行安全检查。

2. 特殊地域施工和管理

1）施工现场位于一块坡地，高差10m以上，施工场地狭小，施工场地和材料堆场不在一处，大量材料二次搬运，给工程管理难度加大。

2）地下室外墙紧贴红线。地下室外墙外边线东侧与新加坡大使馆地下室相接，南侧与美国联邦办公楼地下室相接，红线内是我国领土，红线外是别国领土，我方施工千万不能引起“外事”意见。

公司副总经理兼项目经理
项目执行经理
现场项目部 现场经理
施工管理
安全管理 合同管理 信息管理 土建工程师 水暖工程师 电气工程师 装修工程师
设计管理
设计代表
造价管理
造价工程师
国内项目部 执行经理
施工管理
安全管理 合同管理 信息管理 土建工程师 水暖工程师 电气工程师
设计管理
设计管理团队
造价管理
费用管理团队

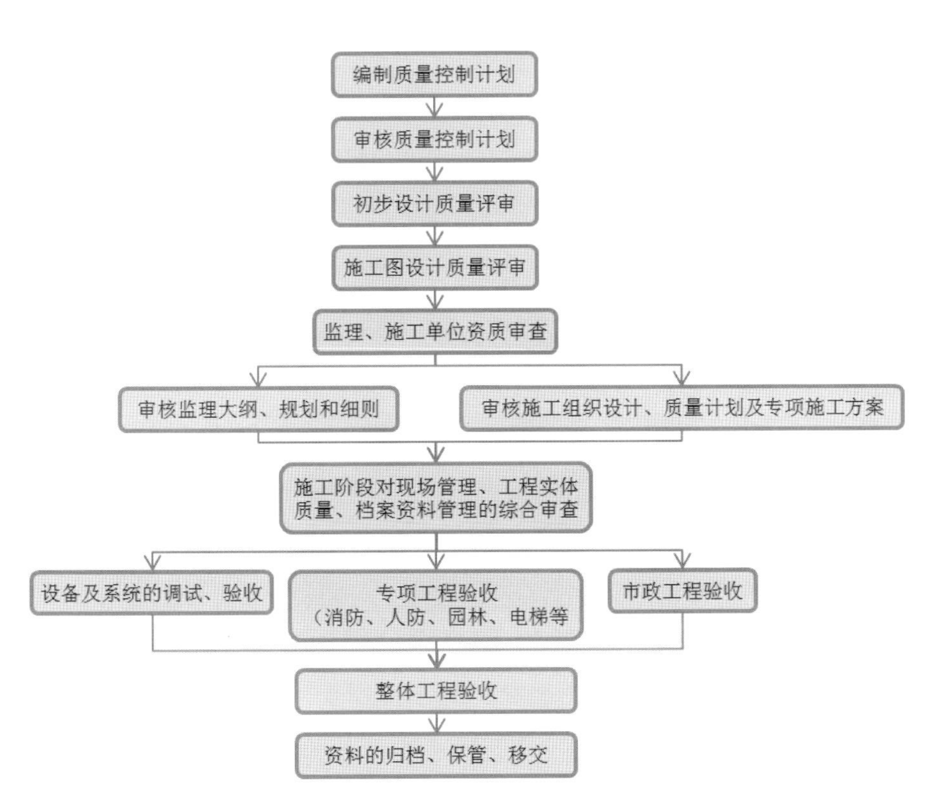

项目质量管理流程

二、项目组织机构设置

驻外项目与国内项目的最大不同之处就是组织机构的设置，通常驻外项目要设置国内、国外两套项目班子，由项目经理统筹协调两个项目班子的工作，项目的组织机构如左图。

三、项目质量管理

（一）项目质量管理流程

（二）对各参建单位的质量管理

1. 对设计单位的质量管理

项目管理如含设计管理，其设计方案和图纸质量管理执行设计管理实施细则。

项目管理部主要是从施工图纸审核、部分子项目招投标和施工过程中的变更、洽商控制三个方面进行工程质量管理。

1）对于设计单位的施工图纸审核，首先由管理公司专家组提出综合审图意见，现场专业管理工程师参考专家意见的同时结合项目现场实际条件提出施工图纸审核意见，项目管理部应将建设单位、施工单位、监理单位的图纸审核初步意见汇总后报告建设单位，协助建设单位将审图意见书面反馈给设计单位，经设计单位核实后会同建设单位、施工单位、监理单位进行图纸会审、由施工单位形成图纸交底纪要后送参会各方签字认可后备案存档。

2）部分专业分包招投标阶段，项目管理部在编制招标文件前应认真审核所招标专业部分的设计图纸，尤其是招标范围和分包与总包及其他专业之间的界面划分需描述清楚，为投标单位做好招标图纸交底和必要的深化设计提出要求。

3）施工过程对设计变更、洽商质量管理。总包单位、监理单位和项目管理单位对各专项、二次设计均应进行严格的审查，以确保专项、二次设计符合建安工程总体设计，避免出现设计的重复和错漏，给建设单位造成经济损失。对施工过程中设计变更洽商，严格审核对工程质量的影响和质量技术的可行性等质量评估，对设计变更和工程洽商实施过程中质量验收予以高度关注和严格把关。

2. 对监理单位的质量管理

1）检查监理单位监理规划中质量控制体系和控制措施，落实质量监理控制人员。

2）督促监理工程师做好工程质量预控工作，防止事后处理。

3）检查监理工程师监理工作质量。

4）检查监理工程师的质量控制手段，落实质量检测仪器设备。

5）检查监理工程师监理程序、监理方法。

3. 对施工单位的质量管理

1）项目管理部审核施工单位项目经理部的技术和管理水平力量、质量保证体系以及是否建立、健全项目责任制等情况，对不符合要求或不能满足工程质量的管理体系或质量保证措施，项目管理部应及时通过或代表建设单位向施工单位提出整改要求。

2）就施工单位报送的施工组织设计和施工方案，提出审核评价意见；对重点分部或分项工程的施工方案中质量保证体系和保证措施进行重点的审核，必要时组织专家论证。

3）组织监理、施工单位进行定期的工程质量检查和重点部位的不定期抽查。

4）以质量目标为标准，及时收集资料，掌握实际施工质量情况以确保工程质量的持续改进。

（三）项目各阶段质量管理措施

1. 设计阶段质量管理措施

1）项目的设计单位和人员的选择

设计单位和人员的选择合适与否对项目的设计质量有根本性的影响。应通过邀请招标选择优秀设计单位，并通过合同条款确定优秀的设计团队。

2）方案设计阶段质量管理

（1）审核各专业设计方案的设计依据和设计参数选择是否正确。

（2）审核建筑设计方案的平面布置、空间布置能否满足使用要求，室内外装饰能否满足使用及美观要求，房间的采光、隔热、隔声、通风等物理性能是否理想等。

（3）审核结构设计方案的安全性、可靠性、抗震性及结构材料的选择是否符合要求。

（4）审核给排水设计方案的方案选择是否合理，设备选择是否合理。

（5）审核通风空调设计方案的方案选择是否合理，通风管道的布置和所需设备的选择是否可行。

（6）审核供热工程设计方案的供热方式、管网布置是否合理，设备选择是否可行。

3）施工图设计阶段质量管理

（1）核查施工图设计的深度能否满足施工要求，并据此验收和移交建设单位。

（2）组织施工图的会审，纠正图纸中的错、漏、碰、缺。

（3）注意在设计各阶段中认真分析建筑物各功能分区的合理性及设施的完善性，把好计算、设备选型、材料优选关，发现问题及时解决。

（4）核查公用工程项目的完整性、可靠性及建筑物内部的使用功能是否满足工艺及物料平衡的要求。

（5）审查新技术、新工艺、新材料、新设备的应用是否符合工程总目标的要求，审查其使用的可靠性、安全性、经济性以及对技术发展和提高的程度与价值。

（6）注意设备选型与配套的合理性、经济性。

（7）注意设计方案对施工操作的可行性、合理性和对今后物业管理的影响。

4）设计成果最终审核验收

（1）审核总体方案。

（2）审核主要设备和材料清单。

（3）审核图纸的完整性。

2. 施工阶段质量管理措施

工程项目施工阶段是根据设计文件和图纸要求，通过施工形成工程实体。该阶段直接影响工程的最终质量，是项目工程质量的关键环节。施工阶段的质量管理工作主要是通过监理单位进行监督，通过施工单位实施。

1）施工准备阶段质量管理

在施工前准备阶段，项目管理部严格控制施工单位的施工准备工作质量，包括技术准备、物资准备、组织准备与施工现场准备。做好三通一平工作，严把开工前的质量保证工作。

2）招投标质量控制

（1）首先审查招标文件中的质量标准和要求是否符合建设单位和设计要求。

（2）审查投标文件中质量的内容是否符合招标文件的要求，是否符合政府部门的要求。

3）设备、材料采购质量控制

（1）协助建设单位对设备材料做好选型和技术参数优化及市场调研工作。

（2）项目管理部协助建设单位在众多的供应商中筛选出一部分质量优、信誉好的供应商作为竞标的对象。

（3）项目管理部应建议有计划地组织设计、施工、监理技术人员有针对性地进行考察活动，实地调查了解这些厂商的实力，为以后的评标、定标做好准备。

（4）项目管理部积极参与设备、材料招标活动的全过程，一直到确定中标单位以后，在合同的签约和谈判过程中落实设备材料的供货质量指标和供货时间要求。

（5）协助建设单位对于已中标的材料、设备进行有效的样品备案管理，分别要求其提供品质合格证书和质量检验证明原件等相关材料。

（6）项目管理部要经常性地将施工分包单位在设备制造过程中的质保监督工作落实情况及时向建设单位反映（存在问题和提出对策），这项工作一直延续到设备运到工地，经开箱检查合格、入库后方告一段落，然后转入施工过程中的质量控制工作。

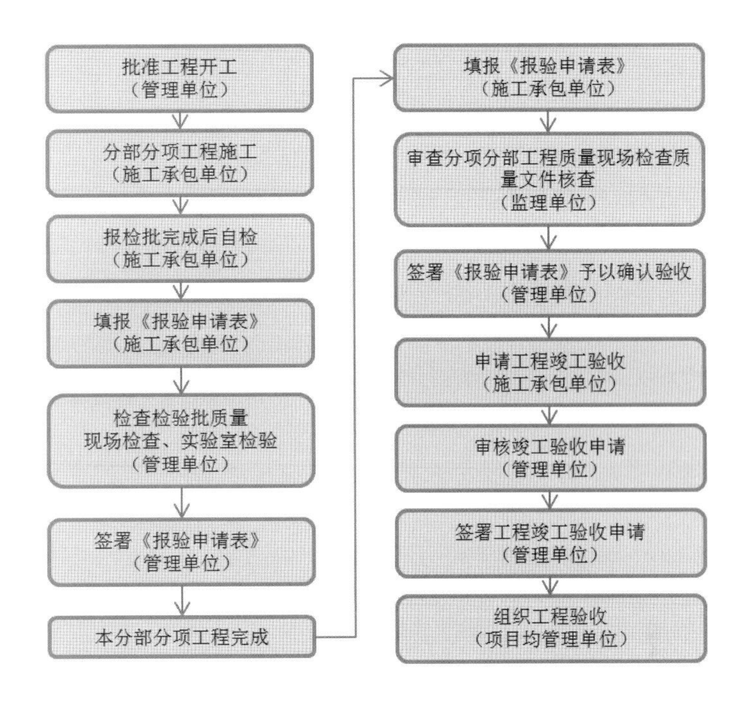

4）施工过程质量控制

项目管理对施工阶段的质量控制，主要通过对形成工程实体质量的人、机、料、法、环进行全面和综合管理。重点从质量保证体系和管理程序上审查控制。具体主要工作包括：

（1）施工单位、分包单位、材料供应单位的资质和组织机构的审核审查，对不能满足和保证工程质量需要的及时提出意见和建议，协助建设单位对工程实施主体进行把关。

（2）审查施工组织设计（方案）、监理规划（方案）中的质量保证体系是否合理有效，提出项目管理的意见和建议。

（3）对重要设备材料的选型、技术参数、供应商信誉及订货合同的条款严格审核，对设备材料制作过程和进场验收严格把关。

（4）深入现场及时了解施工单位、分包单位和监理单位的管理到位情况，按时参加工程例会，协调解决工程质量管理方面存在的问题和改进建议，必要时组织召开质量问题专题会议，分析研究质量保证和改进措施。

5）现场工程质量管理工作流程图见上图。

（四）质量控制效果

按照合同约定的质量标准和本项目的质量目标，均全部达到并完成。工程质量始终处于受控状态，一次通过外交部组织的工程有关各方的联合检查验收。工程质量一次验收合格率100%。工程质量优良率为93.5%。无质量安全事故发生。

2008年11月，胡锦涛主席在出席二十国集团领导人金融市场和世界经济峰会期间，前往新馆参观视察并慰问使馆工作人员，胡锦涛主席表示：参观后感到非常高兴，驻美使馆现在是“鸟枪换炮”了，这是中国驻外规模最大投资最大也是最先进的使馆，从一个侧面也反映了改革开放30年的成果。

本工程获得2009年度境外建设工程“中国建设工程鲁班奖”，这是我国境外使馆工程项目首次获此殊荣。

四、总结

使馆项目由于其在世界各地不同国家和地区实施的特性，使其项目管理工作相对复杂，因项目参与方众多，相互关系错综复杂，对业主方及项目管理单位的管理水平提出更高的要求。由于篇幅本有限，本文只从质量管理作了简要说明，对于一个项目的全过程管理，还有很多方面的管理内容需要探索和研究，希望本文能对同行在实践管理工作中有所帮助。

基于胜任力的项目总监绩效考核研究 ——以JKEC工程咨询公司为例

上海建科工程咨询有限公司　陶红

摘　要：项目总监在工程监理项目中发挥着举足轻重的作用，其绩效考核体系的合理与否将对吸引和保留优秀项目总监及工程管理成败有着重要影响。本文从构建项目总监胜任力出发，将项目总监的胜任力分为专业技术、管理能力和职业素养，在此基础上建立了项目总监绩效考核体系，从而为行业其他企业提供理论和应用借鉴。

关键词：项目总监　胜任力　胜任力模型　绩效考核

一、引言

根据《建设工程监理规范》明确规定：建设监理应实行总监理工程师（以下简称项目总监）负责制。多年来，项目总监已逐渐成为企业的“名片”，项目干得好，在业主心中会形成这个单位不错的印象，对企业的经营活动会产生非常良好的促进作用，总监对提升企业品牌认知度和提高客户的忠诚度方面有着不言而喻的重要性，因此，总监对工程咨询企业来讲，是一个非常重要的竞争资源。但目前由于工程咨询企业对总监的要求不同，而总监的能力又因人而异，许多工程咨询企业对项目总监的绩效考核体系搭建还处于起步阶段，从而产生了对绩效管理概念模糊、绩效指标设置不合理、绩效考核标准不清晰、考核主体不明确、考核方法选择不恰当等一系列问题，这些问题将严重影响绩效考核的公平性和效能，进一步导致具有高素质、能够按照国家监理规范或国际咨询企业项目管理模式操作的项目总监人才缺乏，制约我国工程咨询企业的快速发展。

本文正是基于此，将胜任力引入工程咨询企业项目总监的人队伍建设中，探讨如何运用胜任力模型构建国内工程咨询企业项目总监的绩效考核体系，从而为培养和发展优秀工程咨询企业的项目总监提供理论和应用指导。

二、胜任力相关概念

1973年，麦克莱兰在《测试胜任力而非智力》中提出了“胜任力素质”的概念，即“能区分在特定的工作岗位和组织环境中绩效水平的个人特征，就是素质”，不仅使其成为胜任力素质理论的开创者和奠基人，同时这一理论也为人力资源管理的实践活动提供了全新的视角和更为有效的工具。胜任力的概念提出以后，受到了学术界和企业界的关注，但对胜任力的解释并不完全一致。代表性的定义如美国薪酬协会（The American Compensation Association）认为，“胜任力”即个体为达到成功的绩效水平所表现出来的工作行为，这些行为是可观察的、可测量的、可分级的。美国心理学家Spencer（1993）对胜任力给出了一个比较完整的定义，即胜任力是指“能将某一工作（或组织、文化）中有卓越成就者与表现平平者区分开来的个人的深层次特征，它可以是知识、技能、社会角色、自我概念、特质和动机等，即任何可以被可靠测量或计数的并且能显著区分优秀与一般绩效的个体的特征”。我国学者王重鸣（2002）认为，胜任力是导致高管理绩效的知识、技能、能力以及价值观、个性、动机等特征。本文的研究中，我们定义：胜任力是确保该岗位人员能够顺利完成工作，取得高绩效的个人特征，每一胜任特征都与其可观察、可测量、可分级的行为表现相连接。

三、总监胜任力模型研究

国内对胜任力的研究已从胜任力概念和内涵研究转向对胜任力模型构建的研究，诸多学者运用多种方法研究了涉及制造行业、房地产企业、公务员等行业或领域的岗位胜任力模型，但目前国内对项目总监胜任力的研究较少。值得借鉴的工程项目管理者、项目经理等胜任力模型的研究成果包括：

张进（2007）通过访谈和问卷对工程项目管理者胜任力的结构进行研究，通过探索性因素分析，建立了管理技能维度、人际关系维度和个人特质维度的三维度模型。每个维度又由不同的胜任力特征项组成。

罗永峰（2008）通过工作分析和招聘广告分析法，初步确定监理工程师的胜任特征，然后运用行为事件访谈法建立初始模型，并用调查问卷法、因子分析法检验胜任力模型。

王雅文（2008）通过行为事件访谈和问卷调查，从专业影响力、领导与团队管理、个人发展能力、人际合作与思维能力、品格等方面构建了工程咨询项目经理胜任力模型。

虽然建筑工程技能人才、工程咨询项目经理与监理总监工作内容有一定的相似性，但两者的工作性质还是有着本质上的区别。一方面项目总监以工程现场管理为主，工作中不断面临项目建设过程中出现的质量、安全、进度、成本等方面的新问题与挑战，需要有对现场情况发生的预判能力，同时要有协调沟通能力，对工作有较强的责任心，因此不能直接套用这类人才胜任力模型来进行人力资源管理活动。另一方面，对于监理人员岗位胜任力方面的研究虽然还存在很多不足之处：一是研究深度不够，数量较少；二是个别学者开展了对构建监理工程师胜任力通用能力模型的研究，但未深入开展项目总监胜任力要素及模型的研究，这就有悖于人尽其才、人尽其用的管理原则，增加了企业对项目总监考核的难度和管理风险。因此需要建立系统的项目总监胜任力模型来帮助解决实操性问题，为企业培养和引进优秀项目总监提供借鉴。

四、基于胜任力的项目总监绩效考核体系

1. 项目总监胜任力模型的构建

1）项目总监胜任力及其模型的建立

JKEC工程咨询公司以近两年被评为优秀项目总监的人群作为绩优样本进行访谈，用STAR（即SITUATION—情景、TASK—任务、ACTION—行动、RESULT—结果）事件法方式加以追问，记录其当时的想法、具体做法，归纳和总结项目总监所需要的知识、技能及需具备的典型个性特征，提炼出监理总监应具备的包括专业知识、项目经验、问题发现与解决能力、专业判断能力、现场把控能力、组织管理能力在内的胜任素质15项，并形成胜任力定义（如专业判断能力：是指“利用自身掌握的专业知识和技能，通过对他人的观点或外界环境的变化进行正确的分析，进而作出准确预判”），从而确定了项目总监岗位胜任力初始模型。然后通过调查问卷的方式，对项目总监取得优秀绩效的能力特征的重要程度进行评价：“1”代表“非常不重要”，“7”代表“非常重要”，介于“1”与“7”之间不同的数字分别代表不同程度的重要性，经SPSS软件统计分析得出JKEC项目总监岗位胜任力要素结构；最后JKEC公司召开由技术条线、业务条线、人

项目总监胜任力模型　　表1

总监	能力群	代码	能力项	代码
岗位胜任力A	一、专业技术：从事监理岗位所需要拥有的专业知识、技术和经验	B1	1.专业知识：具备土木、结构或机电等工程技术知识并熟悉相关知识（技术规程、法律法规等）	C11
			2.项目经验：具有丰富的监理行业或相关建筑行业的从业经历（包括岗位经验、项目经验、样板项目经验等）	C12
			3.问题发现与解决能力：通过自身掌握的专业知识和技能，发现并解决项目中存在的问题	C13
	二、管理能力：从事监理岗位所具备的管理能力和沟通技巧	B2	4.现场把控能力：能根据项目合同，做好项目“三控两管一协调”等管理控制工作，确保项目正常运行	C21
			5.团队领导能力：激励、指导下属工作，帮助下属学习与进步，促使其提升技能与工作绩效，向既定目标前进	C22
			6.组织管理能力：建立项目团队，并管理团队和项目的正常运作	C23
	三、职业素养：从事监理岗位所需要具备的价值观、态度等职业操守	B3	7.服务意识：关注客户的需求，竭尽全力帮助和服务客户，为客户创造价值的意愿和态度	C31
			8.责任心：具备对他人、对组织承担责任和履行义务的自觉态度，对自己的所作所为负责	C32
			9.学习能力：具备学习和获取专业经验的动机与能力，通过各种渠道积累和更新专业知识，并分享所学知识	C33

力条线组成的专家组讨论会，就上述提炼出来的项目总监岗位胜任力模型结构及二阶因子模型展开讨论，确定了 JKEC 公司监理总监岗位胜任力模型。

2）项目总监胜任力模型的组成

问题发现与解决能力分级定义　　表2

等级	行为特征
1级	能发现工作中的显性问题，不能发现隐藏的问题 判断和处理工作中出现的问题有一定难度 经常需要上级领导辅助解决问题
2级	能够发现工作中的显性问题，偶尔发现隐藏的问题 能对问题的严重性和产生原因进行初步判断和分析，但是不能够很好地协调项目内、外各方面资源来解决问题，解决问题时间较长 偶尔需要上级领导辅助解决问题
3级	能够发现工作中大部分显性和隐藏的问题 能对问题严重性和产生原因进行独立判断和分析，较好地协调项目内、外各方面的资源，及时解决问题 基本不需要上级领导辅助解决问题
4级	能够预见工程上应该预见到的问题和隐患，并能采取措施积极预防，化解各类职责范围内的问题 对于突发性问题，在第一时间做出正确判断，并能够很好地协调项目内、外各方面资源，迅速解决问题 与他人分享问题发现与解决的经验，具备指导他人发现问题以及辅助他人解决问题的能力

项目总监胜任力模型包含三大组成部分：专业技术、管理能力、职业素养，其中每个组成部分又分解为二级能力项，具体胜任力模型见表 1；每个能力项又进行了分级定义，见表 2；并对每个能力项进行评分，评分标准见表 3。

其中，问题发现与解决能力是指通过自身掌握的专业知识和技能，发现并解决项目中存在的问题相关的问题。

2. 基于胜任力的项目总监的绩效考核体系

1）胜任力模型的建立对绩效考核的意义

通常意义上企业希望通过设置有目的的绩效考核指标将员工个人目标和企业战略目标相结合，不

岗位胜任力分级定义等级对应表　　表3

层级	评分	说明
1级	10~30分（含30分）	在每层级中至少有2项行为描述，同时满足时得本层级最高分值，部分满足得本层级相应分值。
2级	30~70分（含70分）	
3级	70~90分（含90分）	
4级	90~100分	

断开发员工发展潜力，以达到培训、开发和利用组织成员的目的，其核心是实现员工绩效、团队绩效和组织绩效有效联动，从而促进企业绩效的提升。然而实践表明，以往的绩效考核虽然能够取得一定的成效，但与企业需要的绩效之间缺乏直接的联系。究其原因，在以往的绩效考核中，考核的重点指标放在知识、技能等表象东西上，而忽视“素质冰山模型”中提及的对社会角色、自我形象、特质和动机等深层次的胜任特征。但是我们知道“冰山之下”部分是相对稳定、不容易发展和变化的，这部分往往是决定个体行为表现好坏的关键。

胜任力理论的出现，提供了建立胜任特征与组织绩效之间直接联系的分析思路。彭剑锋在其《人力资源管理概论》（2003 年）一书中指出，胜任力模型（Competence model）就是为完成某项工作，达成某一绩效目标所具备的一系列不同胜任特征要素的组合，包括不同的动机表现、个性与品质要求、自我形象与社会角色特征以及知识与技能水平。胜任力特征理论及胜任力特征模型引入到项目总监的绩效考核中来，进一步完善了项目总监绩效考核体系。

2）基于胜任力模型的项目总监绩效考核体系

绩效管理通过包括绩效指标设定、绩效考核评估、绩效反馈辅导、绩效结果应用 4 个过程，其中胜任力是实现各个环节工作的主要依据。首先，在目标设定上，基于胜任力的绩效管理体系既要设定任务绩效指标，又要设定胜任力发展指标，通过下达给各个层级的管理人员和项目员工，使得人人身上扛指标，将任务明确化、工作清晰化，同时也向项目总监传达岗位胜任力素质要求。在绩效评估阶段，重点是评估员工完成工作的素质及其结果，即“如何做”和“完成了怎么样”。JKEC 公司对项目总监采用的是年度考核，考核内容既包含对岗位任务完成情况的要求，如项目运营质量、财务收款指标、学习与发展指标，也包括上述提炼出的能力素质的评价内容，根据评分结果对项目总监绩效进行强制分布，体现业绩好奖励大的激励导向。除此之外，绩效沟通反馈是绩效管理的关键。基于胜任力的绩效反馈和沟通能够帮助项目总监进行自我认知和自我提高，有助于其能力的提升。最终将绩效考核结果用于对总监绩效成果的物质奖励，如年终奖金分配、岗位的晋升及精神表扬等，从而不断强化项目总监取得优良绩效的行为导向。通过上述流程建立的基于胜任力的绩效考核体系，可使项目总监明确自身的角色、关系和职责，达到提高组织绩效的目的。

五、结论

项目总监在工程监理项目中发挥着核心的作用，其绩效考核体系的合理与否将对吸引和保留优秀项目总监以及对整个项目的成败有着重要影响。本文针对项目总监建立绩效考核体系，结合 JKEC 工程咨询公司对项目总监胜任力的要求，建立了项目总监的胜任力模型，并通过该模型形成了项目总监的绩效考核体系，并提出了项目总监绩效考核的基本操作流程和操作方法。本文的研究成果对其他企业项目总监绩效考核具有一定指导作用。

参考文献

[1] Alfredo Serpell, Ximena Ferrada. A competency-based model for construction supervisors in developing countries. Personnel Review, 2007, 36 (4) : 585-602.

[2] 赵海涛.胜任力理论及其应用研究综述[J].科学与管理，2009，15-18.

[3] 申彦民.总监理工程师的素质要求[J]. 河南科技，2009（7）.

[4] 徐良.浅谈监理工程师应具备的基本素质[J].价值工程，2011，30（22）.

[5] 彭剑锋.人力资源管理概论[M].上海：复旦大学出版社，2003:15.

能力素质模型在监理企业的实践研究

西安高新建设监理有限责任公司　许芳

摘　要： 能力素质模型作为人力资源管理的一种有效工具，已经越来越广泛地为企业所采用。本文从能力素质模型如何在监理企业建立并发挥作用、过程中的保障措施、实施后的成效和体会等方面进行了重点阐述，强调模型中的能力定义和行为描述应体现行业特点和企业个性特点，进而提示能力素质模型的应用必须立足当下并关注未来。

关键词： 能力素质模型　监理　实践研究

西安高新建设监理有限责任公司成立于2001年3月，在册员工400余人，是提供项目全过程管理和技术服务的综合性工程咨询企业，具有工程监理综合资质。公司始终把“佑建美好家园”作为使命，秉持“高德溯远，新志求臻”的核心价值观，坚持实施科学化、规范化、标准化管理，以直营模式和创新思维确保工作质量，创造价值，服务社会。一直以来，公司高度重视人力资源建设，以“聚合价值，共同成长”的人才理念助力企业的持续健康发展。

公司组织结构为直线职能形式，总部设人力资源等职能部门，并设一定数量的监理处（作为外派机构），负责统筹监理业务的开展。各监理处分别下辖十个左右的项目监理部。

在多年的管理实践中，企业逐步加深了对“人力资源是第一生产要素”的理解和认识，并以现代人力资源管理理论为基础，利用系统工程、数学、统计学等学科知识和方法进行工作分析和研究，逐步建立和完善了针对一线监理人员的考核、评价、培养、晋升等体系。下面，主要就本企业开发利用监理人员能力素质模型这一工具的目的、思路、方法以及取得的成效进行介绍。

一、模型的建立

1. 按照人力资源管理理论，能力素质模型被定义为担任某一特定任务角色所需具备的能力素质的总和。能力素质通常可以细分为通用能力、可转移能力和独特能力。其作用主要有两方面，一是保证企业战略执行力提升，二是为员工指明个人能力应当发展的方向。

2. 在模型设计阶段，从主导思想上遵从企业使命、企业愿景和战略目标，并以此为基础，确保组成该模型的监理人员能力素质列项与组织所需的核心竞争力一致，既符合企业人力资源现状，又体现对员工综合素质的未来展望，达到为企业长期目标服务的目的。

3. 强调能力素质模型与监理人员履职要求、工作标准的符合性。在能力要素选择上，充分分析、评估企业发展的实际情况，挖掘出一线监理人员可观察、可指导、可衡量的行为和技能，进而从中筛选出典型的工作胜任力要素和综合素质要求，如工作责任心、沟通协调能力等。

4. 根据企业内部的岗位设置以及对各岗位综合素质的不同要求，将能力素质模型分为总监理工程师、专业监理工程师和监理员三种模式。在每种模式中又将该岗位所需能力素质分为多个类别，如总监的能力素质归纳为道德素养、沟通协调、综合管理、业务素质等类别。

5. 各能力素质类别具体划分为 3~9 个分项。以总监为例，其“业务素质”类别又划分为工作经验、专业理论、业务技能及工作实效 3 个分项。每个分项再进一步细分，如“专业理论”细分为本专业知识的掌握、工程监理理论的掌握、对相关法律法规的了解掌握及对建设工程相关政策的敏感性、对本专业之外的其他专业技术知识的了解等 4 个能力素质要素，如下表所示。

6. 科学分析各能力素质要素对于某一岗位监理工作的重要程度，合理分配其权重，从而将监理人员的行为通过模型输出转化为量化数据，如总监岗位的“工程投资控制”权重为 5%，“监理收入核算和监理酬金回收”权重为 3%。同时，因为岗位工作性质的差异，类似的能力素质要素在不同的岗位所占的权重也应有所区别，如在资料管理、监理文件编制这一项中，总监的“项目部资料管理、监理文件编制”赋予的权重为 7%，专业监理工程师的“个人监理文件编制和记载水平”赋予的权重为 4%。

7. 利用模型进行员工能力素质测试时实行分级管理。即总监理工程师负责项目部员工的测算；监理处负责对所辖项目部总监进行测算，并校核总监对基层员工的测算结果；公司人力资源管理部门负责全面汇总和复核。

8. 根据测算得分，将各岗位层级员工的能力素质划分为不同等级，从而将监理人员的隐性行为通过能力素质模型实现显性化表现，区别出现下组织环境中高绩效和一般绩效的个人特征。

二、模型的作用

1. 推动了企业薪酬制度的改革创新。配套能

<table>
<tr><th>类别</th><th>分项</th><th>能力素质要素</th><th colspan="6">能力等级/系数/行为定义</th></tr>
<tr><td rowspan="16">业务素质</td><td rowspan="16">专业理论</td><td rowspan="3">本专业知识的掌握（权重4%）</td><td>一等</td><td>二等</td><td>三等</td><td>四等</td><td>五等</td><td>六等</td></tr>
<tr><td>1</td><td>0.8</td><td>0.6</td><td>0.4</td><td>0.2</td><td>0</td></tr>
<tr><td>很强</td><td>强</td><td>较强</td><td>中</td><td>一般</td><td>差</td></tr>
<tr><td colspan="7">【说明】在进行本项素质评定时，应综合考虑：
1.对所学专业理论的掌握以及在实际工作中的应用
2.……</td></tr>
<tr><td rowspan="3">安全、质量、投资、进度等监理理论的掌握（权重3%）</td><td>一等</td><td>二等</td><td>三等</td><td>四等</td><td>五等</td><td>六等</td></tr>
<tr><td>1</td><td>0.8</td><td>0.6</td><td>0.4</td><td>0.2</td><td>0</td></tr>
<tr><td>很强</td><td>强</td><td>较强</td><td>中</td><td>一般</td><td>差</td></tr>
<tr><td colspan="7">【说明】在进行本项素质评定时，应综合考虑：
1.是否全面掌握上述相关监理理论，包括目标控制、风险管理、程序执行等
2.……</td></tr>
<tr><td rowspan="3">对相关法律法规的了解掌握情况及对建设工程相关政策的敏感性（权重2%）</td><td>一等</td><td>二等</td><td>三等</td><td>四等</td><td>五等</td><td>六等</td></tr>
<tr><td>1</td><td>0.8</td><td>0.6</td><td>0.4</td><td>0.2</td><td>0</td></tr>
<tr><td>很强</td><td>强</td><td>较强</td><td>中</td><td>一般</td><td>差</td></tr>
<tr><td colspan="7">【说明】在进行本项素质评定时，应综合考虑：
1.是否对公司转发和下发的工程建设相关法律法规、制度规定等反应迅速，并能在工作中予以落实
2.……</td></tr>
<tr><td rowspan="3">对本专业之外的其他专业技术知识的了解（权重1%）</td><td>一等</td><td>二等</td><td>三等</td><td>四等</td><td>五等</td><td>六等</td></tr>
<tr><td>1</td><td>0.8</td><td>0.6</td><td>0.4</td><td>0.2</td><td>0</td></tr>
<tr><td>很强</td><td>强</td><td>较强</td><td>中</td><td>一般</td><td>差</td></tr>
<tr><td colspan="7">【说明】在进行本项素质评定时，应综合考虑：
1.是否能统筹安排并参与项目其他专业方面问题的处理
2.……</td></tr>
</table>

力素质模型的应用，公司在现行结构性薪酬体系中增设了能力素质等级工资，且不同等级之间的工资额度差异较大，体现了按能力、按贡献的分配原则。通过对员工能力素质的定期测评和等级评估，还进一步实现了薪酬可上可下的动态管理。

2. 直观地明确了对员工综合素质的要求和期望，且要素设计具有一定的前瞻性（如信息化工具应用能力）。通过模型在员工聘用、考核、选拔、淘汰等方面的运用，实现定性评价和量化评估相结合，对确保公司人力资源总体水平与企业长期发展目标的一致发挥了重要作用。

3. 为员工指明了个人能力提升的方向和途径。测算结果的反馈，相当于给员工技能改进提供了建议，使其能够有针对性地学习、提高。此外，除了知识、技能等显性要素，测算过程还可以充分反映出个人隐性素养与职业的匹配性，进而帮助其正确的选择职业发展方向。

4. 有利于在组建项目监理机构时合理进行员工搭配，实现团队成员的综合能力互补，确保监理服务品质和监理工作成效。

5. 通过对模型输出数据的分析，可以较为便捷地整理出各岗位监理人员技能和知识点的共性不足，有利于安排针对性的培训。

三、实施的措施

1. 利用会议、座谈等形式和内刊、协同办公系统、微信公众号等平台，做好模型推行应用的宣贯，确保得到正确的理解。在监理处和总监层面，重点讲解模型的原理、实施的意义，并辅以具体案例，说明能力素质各要素测评的详细标准。基层员工培训时，则侧重于让员工能够对照模型寻找差距和不足。

2. 动态管理。一是坚持每年一次的全员测评，及时掌握人力资源总体情况以及员工个体能力素质的变化，及时进行必要的等级再就位。二是定期对模型本身进行评估，根据需要加以改进和完善，如按照公司将投资控制提升至与安全、质量监理工作同等重要地位的决策，今年已对涉及投资控制的能力要素的权重进行了加大。

3. 员工能力素质最终测算数据以及等级确定等信息实行保密制度，仅限于公司总经理、分管领导以及人力资源部门掌握，以保证能力素质等级工资的“背靠背”及可上可下的动态管理效果。

四、实施的成效

1. 通过监理人员能力素质模型这一测评工具的应用，使企业实现战略目标和人力资源战略管理的努力落在了实处，极大地推动了人力资源管理理念、管理方法和管理手段的变革，对企业其他方面的管理创新、企业文化的成熟发展同样起到了正面的催化作用。

2. 通过模型及相关体系的运行，员工的工作积极性、学习主动性和综合素质明显提高，监理服务水平、客户满意度和劳动生产率不断攀升，公司也先后被评为全国先进工程监理企业、建设监理创新发展二十年先进企业、住建部全国工程质量管理优秀企业，并于 2014 年顺利晋升综合资质。

3. 人力资源结构和质量的持续改善，为企业后备干部和骨干员工培养的系统化打下了良好基础，同时也为企业多专业、多元化发展，以及开展全过程项目管理业务提供了源源不断的合格资源。

五、实施体会

1. 系统思考，深入调研，在制度和工具的设计上必须与企业战略及企业实际相匹配，不可照搬照抄，以免水土不服，或者流于形式甚至无疾而终。

2. 企业领导者应全过程积极参与，经常传达最高管理层克服阻力、强力推行的决心和意志，以及模型体系运行对于企业未来的重要意义和关键作用。

3. 将模型运用与其他基本管理工具和方法合理组合，提高管理效率。

4. 坚持动态管理的原则。体系、工具以及方法应随着企业的发展和变化，与时俱进，不断完善，以期发挥更大的作用。

谢志刚：正己，方能正人

武汉建设监理协会　冯梅

谢志刚，男，1964 年 12 月生，中共党员，祖籍浙江绍兴。高级工程师，国家注册监理工程师，国家注册一级建造师，全国冶金行业建设高级技术专家，PMP 项目管理师。被聘为国家综合库评标专家、湖北省综合库评标专家、住建部监理资质审查专家等。

1998 年 3 月调入武汉威仕工程监理有限公司，1999 年任副总经理，先后担任房建、冶炼、化工等建设项目总监，多次被评为中国冶金建设协会“先进监理工程师”、“优秀项目经理”。2014 年 12 月，被中国建设监理协会评为“2013~2014 年度全国优秀总监理工程师”。

初见谢志刚，扑面而来的是沉稳大气的职业形象。他一米八的个头，一身得体的西装，戴一副金边无框眼镜，举手投足间彰显力道与风范。之于不久前荣膺“全国优秀总监理工程师”，他满是谦逊。回望 16 年的监理职业生涯，谢总监硕果累累，交出一份满意的成绩单，用他的话说：“正己，方能正人”。

回味无穷的精品案例

用公正、正直丈量出人性的尺度

人生五十年，如梦亦如幻。提及十多年来长期与家人分离的荏苒岁月，谢志刚心中更多的是一份油然而生的感激之情：“感激我的父母和家人，没有他们的理解和支持，我根本不可能实现事业上的突破。”

而“放手去飞”，总得飞出理想的高度。多年南征北战，谢志刚带领他的团队一次次驻扎工地，如今已是全国冶金行业高级技术专家的他，对自己的业绩项目如数家珍。而谈及最难忘的工程监理项目，他脱口而出的是安钢炉卷轧机工程。

2003 年，39 岁的谢志刚来到河南安阳，参与安钢炉卷轧机工程的工程监理项目建设。面对业主单位第一次请监理、劳务分包队伍系内部建安公司、钢结构制作厂家技术、装配力量薄弱等复杂情况，谢志刚克服困难，一步步缕清思路，

并用两年的时间将该工程打造成了“全国冶金行业优质工程”。

有人的地方，必然牵扯人情。针对该项目的各项特点，谢志刚细致如家长，兼顾到了方方面面的立场与效益，通过有效沟通、制度约束、以身作则，赢得了业主、施工单位及各方面的一致赞许。

首先，他建立了有效的沟通程序，积极与甲方沟通，向他们介绍监理工作程序、规范标准，让对方知道监理是做什么的、准备怎么做，同时适时地向他们赠送了冶标资料一套，初步消除了甲方对监理人员的疑虑；同时，针对内部施工队多、管理难等特点，谢志刚始终刚正不阿，坚持用数据说话，逐步树立了监理威信。

为确保工程质量，谢志刚还与甲方一起，建立了工程质量评比等奖惩制度，在施工队中建立了有效激励机制，对各项质量问题，一经发现，立即下达整改通知单，并严肃追究到责任人。

为树立威信，谢志刚时刻以身作则，从熟悉图纸、规范、标准，做好各项安防、巡检工作，到与项目部员工同吃同住、不收受任何贿赂，他处处发挥表率作用。为提高工程质量，确保施工安全，他还积极倡导热情服务，不但派专监到施工现场指导施工技术，还和甲方一起组织施工质量问题讲座，对所有施工单位的技术负责人进行培训，同时站在公正的立场，积极与甲方沟通，帮助施工单位解决施工措施费等问题。

“通过这个案例，我体会到，监理工作虽很难，但只要真正坚持‘严格监理、热情服务、秉公办事、一丝不苟的原则’，真正做到廉洁自律，一定会得到甲方的支持和认可，也会获得施工单位对你的尊重，并树立监理单位的形象和权威。”

管理和建设团队的艺术

用自身的人格魅力影响身边的人

“我真正尊重的是那些有人格魅力的人，也希望自己能成为这样的人。”

一个人，从优秀的自己，到成功的自己，到有影响力的自己，需要经过长途跋涉。而自 1999 年担任武汉威仕工程监理有限公司项目总监以来，谢志刚用“精诚团结、实干奉献”实现了这一跨越。

“作为总监理工程师，不仅受公司委托管理整个项目，更是整个项目监理部的核心和灵魂。”

在建设和带领团队方面，谢志刚有自己独特的心得，而这其间，更是蕴藏他无限宽广的个人魅力。在用人上，他坚持“知人善用”，根据不同员工的特点，扬长避短，积极引导，合理培养；在团队管理上，他提倡用制度管理团队，体现公平公正；为确保项目部有序运行，每成立一个新项目部，他会依据项目部特点，酌情制订各类制度并严格执行，如考勤制度、“十不准制度”、月考核制度、内部会议制度、资料档案管理制度等；在工作职责分配上，他坚持分配明确、责任到人，形成有效约束；在生活管理上，他肩负“一家之长”之责，积极与大家坦诚沟通与协调，兼顾南北人员的生活与饮食习惯，让大家工作起来毫无后顾之忧；在打造学习型团队上，他主动带头参加学习，不断提高自己的专业技术能力，同时引导、激励员工积极加强对新材料、新技术、新工艺、新规范的学习，仅安钢炉卷轧机工程项目监理部，他就一手培养出了五个项目总监。

“一个项目部的好坏，关键在总监。要带好一个项目部，总监必须身体力行，起到模范带头作用，绝不能高高在上。”

人在做，天在看，施工现场无数双眼睛在看着。这种“身体力行”，体现在工作的各个细节之中。身为项目部负责人，谢志刚体现出来的不是自

己“权利有多大”，而是“责任有多大”。他不怕冷、不怕热、不怕脏，每天去现场巡检数次，总时长达两三个小时；他加强自身学习，在工地项目部简陋的生活条件下，每晚夜深人静时依然挑灯夜战，陆续通过了国家注册监理工程师、国家注册一级建造师考试；他廉洁自律，从不“吃、拿、卡、要”，以坦荡的为人、敬业的精神、奉献的气度，深深影响了身边的每一个人。

多年后，当再次回到当初参与建设过的地方，依然有很多人对他竖起大拇指：“你们的监理，真是好样的！”

“监理做到这个份上，我感觉很自豪。因为真正获得了一份尊重感，也体现了这份事业的价值。”

人生理想的设计

用胸怀和气度，丈量出卓越不凡的高度

和许多人一样，年轻时的谢志刚也有过自己的梦想。

1986 年，22 岁的谢志刚从江汉大学工民建专业毕业后，进入武汉钢铁设计研究总院结构室工作。此后的 12 年，他在从事结构设计师及总承包工程管理工作中步步成长。

1998 年，正值国家监理行业起步，一心渴望改变过去“只会画图”的生活，成长为复合型人才的谢志刚进入武汉威仕工程监理有限公司。从参与第一个房建项目做监理员开始，迅速成长为一名专业总监理工程师。一年后，他荣升公司副总经理。

35 岁起，谢志刚的人生进入一个新的阶段。一次次与家人分离两地，一次次与年幼的儿子挥手告别，一次次舍弃合家团圆的天伦之乐，他内心难免触动，但远方更有事业在召唤着他。从河南，到天津，到大连，到北京，他的足迹串联起一道灿烂的弧线。于是，他边工作，边学习，边付出，边收获，以自己的精进、勤勉、敬业、执着，开拓出了个人监理事业的一片辽阔疆域。

谢志刚的监理事业发展几乎与武汉威仕工程监理有限公司同步。回忆当初创业的艰辛，他始终笃信“先做人，再做事”。恰逢全国冶金行业大发展的良好机遇，他乐于学习，向有经验的老前辈虚心请教，伴随公司合同额的逐年翻番，他的业务能力、综合素养和全局视野全面提升。

16 年的光阴轮回，威仕公司见证了谢志刚一生中最美好的黄金时代，而谢志刚也为公司发展付出了全部辛劳。可以想见，那是怎样的一份惺惺相惜。

多年后，谈及当年的选择，他表现出十足的豁然：“这个选择，注定改变了我一生的轨迹。未来无从设想，但我依然希望可以通过个人的微薄之力，对这个行业的发展起到一定的推动作用。”

几许谦逊，几许坦然，几许淡定，更有几许期冀。谢志刚的鬓角已初生白发，但他依然看着年轻、俊朗，如同他周身散发出的知性气质一样，成熟男人的韵味十足。

对于行业自律，他有太多深刻的认识。面对行业的不正之风，素来温和的他也曾怒目圆睁：“你要砸我的饭碗，我先砸了你的饭碗！”曾经，他为一名员工收受了价值 300 元左右的两条香烟而直接将其辞退，“有人说我不免有些矫枉过正，但我要坚决煞住这股歪风邪气”。

2014 年 12 月 26 日，捷报传来，谢志刚被中国建设监理协会评为“2013~2014 年优秀总监理工程师”。对于荣誉，这位资深监理人表现出十足的淡定和坦诚：“我深感受之有愧，并将其视为不断前行的动力”。

“一个项目是我们的荣誉碑还是耻辱柱，在乎我们自己的努力。”

作为时常把握行业脉搏的企业领导，谢志刚有几句想和武汉建设监理行业同行们共勉的话：“住建部《建筑工程五方责任主体项目负责人终身责任追究暂行办法》施行后，我们作为总监理工程师，肩上的担子和责任更重了。在新形势下，我们更要认识到自己的权利和责任，要坚持行业自律，建设更多精品工程、良心工程、放心工程，真正做一名勇于承担社会责任，对得起国家、人民和社会的监理人。”

浅谈依法治企对监理企业持续发展的重要作用

山西省煤炭建设监理有限公司　苏锁成

摘　要： 在监理行业经营体制不断改革创新的背景之下，依法治企是创新企业经营管理的必要举措，是企业合法经营、持续发展必行之举。本文旨在通过阐述依法治企对监理企业发展的重要作用，进而对监理企业如何运用法律手段来推进企业发展进行一些探讨。

关键词： 依法治企　企业发展

市场与法治被称为现代文明的两大基石，市场是变化莫测的，而法治则是通过已系统成文的规章制度和法律文献的执行来实现的。作为煤炭监理企业，面对风云变幻的市场和更加规范的市场环境，需要加强企业的法治建设，实现依法决策、依法经营、依法管理，让法律恰当地介入企业管理、经营，借助法律的保护为企业营造良好的发展环境，维护国家、企业、职工三方的合法权益，以达到稳定人心、凝聚力量、攻坚克难，促进企业长久旺盛、健康发展之目的。下面，结合我公司依法治企工作实践，从五个方面谈谈依法治企对监理企业持续发展的重要作用。

一、依法治企对创新企业管理、健全完善规章制度发挥砥柱支撑作用

俗话说，无规矩不成方圆。对企业来说，遵守法律法规是企业实现经济利益的客观需要，也是企业依法履行社会责任的必然要求，企业依据相关法规，结合实际具备一套完整良好的规章制度，才能保证稳定、健康的运行。监理企业的各项经营管理活动，如合同管理、对外授权、工商登记、劳务用工及预控风险等行为，都与法律有着千丝万缕的联系，都需要通过切实可行的规章制度来规范。

近年来，山西省煤炭建设监理有限公司依据《公司法》、《合同法》、《招投标法》、《劳动法》、《建筑法》等国家相关法律法规，不断地对企业管理制度进行完善，用规范化的制度来对企业的各种行为进行有效约束。公司先后出台了《重大事项的决策程序和重要工作的审批流程》、《经营管理目标考核办法》、《成本管理制度》、《任务承揽管理细则》、《合同评审细则》、《投标书评审细则》、《合同审核程序》等十几项企业管理的规章制度，并在职工代表大会上表决通过。公司在运行的ISO9001质量管理体系基础上，新增加了环境管理体系和职业健康安全管理体系，形成了“三标一体”，涵盖了公司经营的各个层面。同时，公司加大了对各项制度落实情况的检查力度，逐月落实考核，年终总结奖惩在运行中，如发现制度的不合理之处，及时

进行修正。实践证明，通过制定完善规章制度，用制度管人管事，公司内部管理水平有了显著提高，凡事有章可循、有据可查，极大地缩减了工作时间，提高了工作准确率，企业内部由“粗放型”管理向“精细化”管理的转变，逐步实现了法律制度化、制度流程化、流程信息化的管理模式，对企业的管理创新起到了有效的推动作用。

二、依法治企对企业多元转型发展发挥导向指引作用

中共十八届四中全会对全面推进“依法治国”作出重大部署，强调把法治作为治国理政的基本方式。践行“依法治国”，企业作为国家的重要分子，就是要通过依法治企，在国家法律和政策的指引下，使企业的改革转型少走弯路。

公司成立于 1995 年，当时是由山西省煤炭规划设计院（国有）和煤矿招待所（集体）两家企业成立的股份制企业。2003 年，由于企业经营困难，按照国家要求企业生产自救，实行全员入股。企业注册资金由原来的 100 万元增加到 500 万元，企业内部体制的变化，极大地调动了职工的工作积极性，促使企业效益连年递增。但是由于当时特殊原因，公司股权关系一直没能理顺，股东的利益无法兑现，一度给企业带来困扰。为此，公司专门聘请法律顾问，依据《公司法》等相关法律，结合企业股权问题，多次召开座谈会，探讨如何理顺公司股权问题的办法。同时，在 2013 年煤炭市场出现动荡时，针对国家颁布的相关法律和政策，出台了《关于深入贯彻十八大精神，推进公司多元化经营、多渠道创收，实现企业持续健康发展的意见》，为公司的多元转型发展提供了政策支持。公司以监理为主业，经反复考察论证，开发启动了 5 个项目。一是同忻州市煤矿国有资产管理公司合作投资组建山西兴煤投资有限公司，总投资 2 亿元，开发兴建山西兴煤商用综合大楼项目；二是结合省煤炭厅提出的“两化融合”，建设“七高一文明”现代化矿井的目标，与山西锁源电子科技有限公司合作，开发“煤矿自动化、信息化两化融合综合控制系统”项目，此项目的开发将对矿井生产的每个环节进行动态监测，保证煤矿安全生产和经济效益提升；三是与山西奥得建荣科技有限公司共同开发山西省煤矿应急指挥管理与决策系统，该系统可为井下的救援工作提供科学的决策依据，也为防止井下事故的发生和工作人员的人身安全提供保障；四是成立山西美信工程监理有限公司，开展煤矿信息工程监理业务；五是与山西保利绿洲装饰设计有限公司合作，承揽房屋装修等业务。以上五个项目，公司根据《公司法》、《合同法》以及国务院《关于培育信息产业新业态的意见》等有关法律法规，实行股份制形式管理运行，既保障了公司的合法权益和经济利益，又成了公司新的经济增长点，为企业今后持续发展奠定了良好的基础。

三、依法治企对加强企业干部队伍作风建设发挥约束鞭笞作用

各级管理者是企业的决策者、组织者和实施者，是将依法治企理念落实到企业管理方式的决定因素，提高各级管理者的法律素质和依法治企的能力，是加快监理企业依法治企的关键。

公司要求各级管理人员不仅要具有现代的经营管理理念和方法，同时必须努力学习法律法规，充分了解公司经营管理规章制度的具体要求，利用各项法律法规妥善处理各种利益之间的关系，避免在生产经营中产生矛盾。我们坚持每月一次对公司管理人员进行《公司法》、《劳动法》、《劳动合同法》等法律法规的培训，增强各级管理人员的法律意识，使他们依法生产经营和管理能力的进一步提高。通过绩效管理、预算管理、风险管理机制，严格控制费用发生，认真分析资金使用情况，规范成本所需数据收集处理方式，促使人为流程转向制度化流程，逐步提升管理水平和盈利能力，降低资产负债率，确保国有资产保值增值。在党风廉政建设方面，严格执行中央“八项规定”，教育党员干部和监理人员廉洁自律、洁身自好，杜绝形式主义、官僚主义、享乐主义、奢靡之风。在民主管理方

面，充分发挥职工民主监督的作用，实行党务政务公开，实行民主监督，广泛征求采纳职工意见和建议，培养锻炼出一支懂法律、会经营的管理团队。

四、依法治企对维护职工权益、构建和谐劳动关系发挥监督推动的作用

近几年，由于公司占有的市场份额不断扩大，聘用人员逐年增加，出现了在人员管理方面的一些新情况，如公司从 2012 年至 2014 年之间连续发生 4 起劳动纠纷，而且通过劳动部门仲裁，公司承担了一定的法律责任。针对这一问题，我们组织干部职工学习《劳动法》、《合同法》，并请专家讲解，同时，依据《劳动法》、《劳动合同法》及《劳动争议调解仲裁法》，建立了《劳动用工管理规定》、《劳动合同签订管理规范》、《解除 / 终止劳动合同管理办法》、《关于规范解除 / 终止劳动合同程序的规定》、《劳动合同试用期管理规定》和《员工申述管理流程》六项制度，对公司录用员工的基本条件，劳动用工的形式、管理程序，劳动合同的签订、解除、终止，劳动合同试用期的管理以及职工申述的流程，进行了详细的解释和明确的规定，通过完善制度规范企业劳动用工，使职工发生的劳动纠纷能合法、合情、合理地得以解决。如 2014 年公司发生一起项目聘用员工在上班期间猝死的案例。事情发生后，公司领导立即派相关负责人和法律顾问前往工地了解情况，经过详细调查询问，得知该员工在死亡前一天的夜里，就在家中有不适反应，且在与我公司签订劳动合同时，隐瞒自己患有冠心病的事实。按照公司与其签订的劳动合同，公司律师将情况依法反映到劳动仲裁委员会，合情合理合法地处理好这一事件。这一系列工作，既保障了职工利益，又避免给企业造成不必要的经济损失。

五、依法治企对加强企业文化建设、塑造企业形象发挥引导深化作用

科学规范的企业管理，需要加强企业的法治文化建设。构建以法治文化为重要内容的企业文化，是企业长久、高效发展永不衰竭的动力和源泉。

公司通过近年来的管理经验，结合以法治企构建出一套结合企业自身的企业文化，用来规范企业和员工行为。公司提出了“诚信、创新永恒，精品、人品同在”的经营理念，让员工树立“诚信比赚钱更重要”的价值观。它既是中华民族的传统美德，更是我们监理人的职业道德标准。企业文化规定了《企业行为准则》和《员工行为规范》，按照标准与要求，每个员工除了对自己进行自我约束外，还对领导实行民主监督。公司制定了《关于实行党务政务公开工作的实施方案》，实行党务政务相结合，并通过全体职工民主选举的方式产生了企业党务政务公开监督员，对公司的党政落实情况依法监督。同时，为加强企业法制文化建设，公司专门聘请法律顾问指导企业行为，并不定期组织法律知识专题讲座，从公司老总到普通职工，大家都转变了自己的法治理念，从“要我学法”转变为“我要学法”，提升了学法效果。2015 年以来，公司先后开展了三次法律知识讲座。一是聘请汪忠律师作了《劳动法》讲座，对企业遵守《劳动法》的意义和法定要求、劳动关系的确定、不依法签订劳动合同的法律责任、违反劳动合同签订规定的罚责、劳动者的合法权益、违反劳动法的仲裁和诉讼等方面作了深入浅出的讲解和剖析，特别介绍了一些应对和处置以及合理规避的经验，使大家受益匪浅。二是邀请山西经干院经理学院院长朱忠良教授两次对《公司法》和《加强企业法律风险管理》等法律法规在企业管理中的应用进行讲解，对企业贯彻中央十八大四中全会以“以法治国”精神、增强企业干部职工法律意识，起到了很好的效果。

国有国法，企有企规。所谓“依法治企”，就是依照规章制度来治理企业，这是一个成功企业的治企之道、强企之基、兴企之本、健企之策，是企业发展的源动力和长青不败的根本。总之，只有不断提高依法治企水平，使法律与企业生产、经营、管理各个层面充分渗透、融合，才能使企业平稳健康发展，使企业在市场经济的大潮中立于不败之地。

抓住机遇，创新驱动，全面开创公司发展新局面

上海斯耐迪工程咨询有限公司　赵有生

上海斯耐迪工程咨询监理有限公司成立于1991年9月，前身为上海核工程研究设计院工程建设监理部；2007年，国家核电技术公司将斯耐迪公司整建制划拨国核工程有限公司；2013年11月，公司完成股权部分变更并在上海自贸区成功注册，由国家核电技术公司直接管理；2014年，根据国家核电技术公司统一部署，公司完成第一阶段股权改制工作，注册资本金达2353万元。

公司坚持以核为先、以电为基、咨询和总承包并举、相关多元发展思路，持续推进工程及设备监理、技术及造价咨询、工程总承包及设备技术集成“三大业务板块”全面协调发展。通过抓管理、强基础、转观念、拓思路，提升公司整体实力，加大市场开发力度，实现业务多元化、服务差异化、市场布局区域化。

成立20多年来，先后参与了我国自主设计建造的秦山核电站一期工程、秦山三期（CANDU）重水堆核电站、田湾核电站、巴基斯坦恰希玛核电站的项目管理和设备监造。2007年以来，公司先后在核电工程、常规电力工程、新能源工程、输变电工程、房屋建筑工程、设备监造等领域承揽并完成了一大批工程监理、设备监造、项目管理及工程总承包项目，积累了丰富的经验，树立了良好的社会信誉，为公司的发展打下了坚实的基础。

一、标准化的现场管理，体现核电理念的特色服务

公司通过率先介入三门、海阳两个AP1000依托项目，建立了AP1000核电监理标准化体系，并在此基础上形成一套完整的适合能源领域的企业标准、行业标准、国家标准三层体系标准，真正体现“人无我有，人有我精”。

牢固树立“现场就是市场、市场就是现场”的理念，注重坚持“四个四”，确保工程建设安全、优质、高效地实现各项目标。

坚持“四个凡事”：凡事有章可循，凡事有人负责，凡事有人监督，凡事有据可查，严格履行核安全文化理念，以质疑的态度、严谨的作风和相互交流的工作习惯，对待每一项工作，发挥团队的力量，一次做好，持续提升。

坚持“四个必须”：严格执行《危险性较大的分部分项工程安全管理办法》（建质【2009】87号文）的规定要求，该审查的施工方案必须全面审查；该检查、旁站的危险性较大的分部、分项工程必须按规定执行；对存在安全隐患的地方必须下达停止作业的书面指令；对拒不执行监理指令或整改不满足要求的必须向业主或其他上级行政主管部门进行书面汇报。

坚持“四个又”：严之又严、慎之又慎、细之又细、实之又实，注重细节，严控过程，安全、优质、高标准地实现各项目标。

坚持用好“四个工具”：监理通知单、监理日志、监理月报、专项报告（或备忘录），确保项目生产安全，保证项目质量，赢得业主和合作单位的信任，提升公司的市场信誉度。

二、现代化的人力资源管理，打造公司精干高效的人才队伍

树口碑、拓市场，必须选派精干的人才队伍，为业主提供诚信优质的服务。公司始终围绕“人才兴企”战略，以项目为中心，合理引进和整合人力资源，打造高素质团队。建立了一套符合市场经济内在要求的现代人力资源管理体系，形成企业选聘、考核、奖惩和退出机制。

首先，创新人力资源考评机制。建立以项目为先、以业绩为导向的内部考核机制；加强员工绩效考评力度，建立优胜劣汰机制，推行公司中层干部全体起立，面向全员竞聘上岗，真正形成干部能上能下、收入能增能减、人员能进能出的运行机制。其次，强化薪酬体系改革。实行谈判式年薪制，按照市场化原则，将公司薪酬体系与市场接轨，同时完善员工薪酬晋升机制。再次，优化用工体系。对于非关键岗位采取在项目属地以项目同期聘用；建立长期战略合作伙伴，实现人力资源共享，减轻公司用工成本。第四，加大人才培养的力度，做好青年员工职业生涯规划，创建学习型团队；引进高端人才，形成人才梯队，优化队伍年龄结构。

三、多元化的业务发展，体现公司差异化的市场经营策略

打破常规思维，主动出击，进行市场分析，坚持“以核为先，以电为基，监理、咨询、项目总承包并举，相关多元化发展”的经营策略，以AP1000依托项目为中心，确保安全优质做好核电项目监理服务的同时，大力拓展核电以外的新领域、新业务，先后取得常规电项目、新能源项目、输变电项目、设备技术集成、工程总承包、造价咨询、招标代理等业务领域零的突破。

四、区域化的市场布局，确保公司资源的集约控制

围绕国家能源发展“升级版”及国家核电工作部署，公司加快区域化市场布局，加大区域性市场涉入度，强化区域竞争力，逐步提高市场占有率。抓住新疆电力大发展的有利时机，公司适时设立新疆分公司，利用区域化优势，实行人员集约化管理，节约管理成本，提高管理效益。同时，公司实施“打入、站稳、扩展”三个步骤，顺利中标一批工程总承包、项目监理等合同，为实现西部市场开发战略奠定了坚实的基础。

五、战略化的强强联合，实现公司新领域全方位的互利共赢

积极主动地顺应市场形势，多方位地开展战略合作，为公司提供更好的发展资源与活力，提高资源配置的总体效益和公司的市场竞争能力。与有资质有能力的公司开展战略合作与优势互补，为公司在新业务领域实现零的突破，扩大市场份额，同时走出国门，进军海外市场，如越南永新电厂设备监理、泰国 SKIC 工程项目管理等，有力地促进公司稳步发展，扩大公司品牌影响力。

六、体系化的科技创新，提升公司在能源领域的话语权

公司充分利用三代核电 AP1000 项目监理的先发优势，打造企业核心技术优势。建立和完善AP1000 核电项目标准化监理体系，编制完成公司企业标准《AP1000 系列核电厂建造质量验收与评

价规程》和《AP1000 系列核电厂建造质量控制监理手册》，并用于指导 CAP1400 示范工程及后续 AP1000 项目。

同时，公司高度重视并推动企业标准向行业标准转化，并最终实现质量验评规程由美标向国标的转化。承担能源局重大专项科研中的《中国先进核电标准体系研究》重大专项子课题《核电建造与调试》28 个子专题的研究工作，2014 年又承担主编国家能源局能源领域核电标准制定和研究项目 3 个（国能科技 [2014]298 号）。

七、示范化的股权改制，全面推进体制机制创新和转型发展

党的十八届三中全会前，集团公司下发《国家核电关于斯耐迪公司股权转让及自贸区注册的批复》，将公司注册地变更到上海自由贸易实验区，利用上海自贸区先行先试的政策优势，营造良好的改革氛围。同时，确定斯耐迪公司作为集团公司股权改制试点单位。

认真贯彻落实集团公司对公司改制暨实施新管理模式的一系列决定，抓住契机，乘势而上，建立股权激励机制，深入推进骨干员工持股试点工作，激发员工干事创业的内生动力和公司发展活力。同时，积极研究探索灵活有效的股权激励形式，并注重形成可以借鉴的改革经验成果，促进公司持续稳步发展。

确定股权激励的形式、激励对象、股权比例及入股与退股方式等是股权激励工作的重点和难点。公司本着“走出去、请进来”的工作思路，先后赴多家单位调研和学习相关成熟经验和良好实践，并聘请律师事务所全过程予以指导。结合改制的目的及公司自身实际，将股权激励的实施分为定股、定人、定价、定量、定时等五个步骤，严格按照法律法规有序推进股权改制工作。

推行股权改制，有力地促进公司建立现代企业制度，有利于员工和企业形成事业共同体、利益共同体、文化共同体和感情共同体，更好地吸引和留住优秀人才，充分激发员工的积极性和创造性，为公司的持续发展注入强大动力。

一是公司法人治理结构得到进一步完善。实现所有权和经营权相分离，形成产权清晰、权责明确、政企分开、管理科学的现代企业制度。二是员工个人和团队活力大大增强。营造出员工干事创业、主动学习进步和投身科技创新的浓厚氛围，一岗多责、一专多能、学习型、创新型、复合型的团队正在形成。三是公司管理效率进一步提高。加强顶层设计，坚持以项目为核心，以绩效为导向，实行精细化管理，执行《项目岗位配置标准化》和《项目人工成本预算管理办法》，促进了公司管理全面提升。四是公司业务连续实现新突破。在不断扩大监理市场的同时，先后取得工程总承包、设备技术集成、电网工程、海外市场等领域的业绩突破，形成公司新的经济增长点。五是现代企业人力资源管理体系逐步建立，形成干部能上能下、收入能增能减、人员能进能出的良好机制，人才队伍建设得到进一步增强。六是公司经营指标大幅提升，公司步入了经营发展的快车道，超额完成全年预算目标。

“长风破浪会有时，直挂云帆济沧海”。新的机遇意味着新的挑战，新的起点预示着新的征程。我们要以党的十八大和十八届三中、四中全会精神为指引，进一步深化企业内部改革，抓管理、强基础、转观念、拓思路，全面推进体制机制创新和转型发展，提升企业核心竞争力，全面开创公司发展新局面。

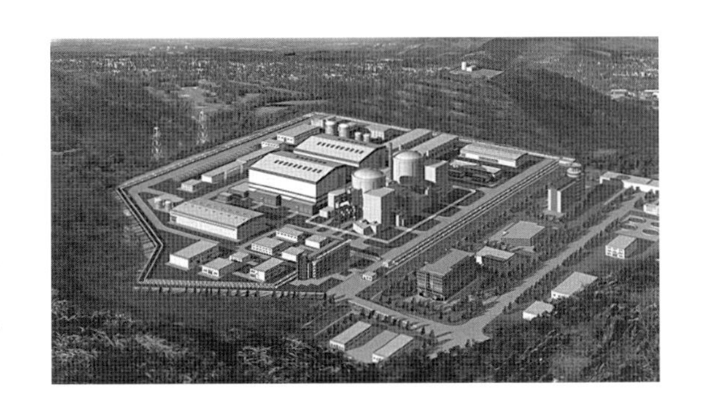

把握机遇　强化管理　创新发展　追求卓越

新疆天麒工程项目管理咨询有限责任公司

摘　要： 新疆天麒工程项目管理咨询有限责任公司从一家只从事工程项目监理业务的单一监理企业发展为目前拥有600余名员工，具有设计、项目代建、监理、招标、造价、房产、物业、拆迁等18项资质的综合型项目管理咨询企业，在机遇与挑战中不断成长。

新疆天麒工程项目管理咨询有限责任公司成立于 1994 年 11 月，2000 年 5 月 1 日改制，由原新疆克拉玛依市建设局下属监理企业改制为由自然人持股的有限责任公司。

改制初期公司员工只有 50 余人，没有固定资产，没有办公场所，更没有一片属于自己的土地，是一家只从事工程项目监理一项业务的单一监理企业，伴随着市场经济的风风雨雨，在发展中遇到了很多实际困难，饱尝了改制后开拓市场的各种艰辛。

改制后的十几年来，公司通过加强科学规范的经营管理、营造积极向上的企业文化、经过全体员工的不懈努力，逐步创建出了天麒品牌，公司发展到现在拥有 600 余名员工，具有设计、项目代建、监理、招标、造价、房产、物业、拆迁等 18 项资质的综合型项目管理咨询企业，被中国监理协会授予“全国优秀监理企业”，被新疆维吾尔自治区评为“守合同重信用企业”、“建设工程招标代理行业十佳企业”、“民营企业参与新农村建设先进企业”，被克拉玛依市评为“地方重点企业”、“模范劳动关系和谐企业”。2014 年，公司“天麒”商标被新疆维吾尔自治区认证为“新疆著名商标”，赢得了各级政府、社会各界的充分肯定和广泛认可。我们的具体做法介绍如下。

一、确定发展明方向，努力实现企业转型升级

2000 年，公司根据克拉玛依市场实际状况，确定了“工程咨询全过程服务”的转型升级发展方向，在完成工程监理基本业务的同时，大力发展造价咨询、招标代理、项目代建等关联业务，完成了公司的转型升级，实现了由一家监理咨询企业在一个项目上为业主提供“工程咨询全过程服务”的目标。在推行监理企业“工程咨询全过程服务”来实现监理企业转型升级的过程中，我们在提高项目其他管控能力的同时，侧重对以下能力进行升级。

一是项目实施组织能力的升级。国家推行工

程总承包和项目管理制后，首先遇到的问题是要将原先不同建设阶段的工作由不同单位来完成，现在要集合几个建设阶段的工作由一个单位来完成，当承包商真正走向更大范围和深度承包的时候，工程监理企业就不得不走向更全面的项目管理服务。近年来，我们公司努力发展成为能够提供全面、全过程专业服务的企业。当一个建设工程项目确立之后，我们按照项目管理合同约定，在工程设计阶段，负责完成合同约定的工程可研编制、设计、前期手续等工作；在工程实施阶段，为业主提供招标代理、设计管理、采购管理、施工管理和试运行（竣工验收）等服务，代表业主对工程进行质量、安全、进度、费用、合同、信息等管理和控制，并承担合同约定的相应管理责任和经济责任。我们在组织相关的监理人员对实施组织和相关法律法规等方面知识的培训和学习的同时，还不断地引进各类优秀的适用人才，对人才资源进行优化整合，切实提升自己的全过程组织工程实施的能力。

二是合同管理能力的升级。我们依据监理及施工合同，选派技术上过硬，管理能力强，熟悉承包方式及合同条件，了解工程实施各种环境，具有丰富的工程管理和合同管理经验的总监理工程师，主动介入施工招标过程，按照合同约定对合同进行解释以及处理索赔与合同争议，充分体现了总监理工程师的公正性、公平性。由于我们的总监理工程师良好地对造价实施了控制，合同管理实现了有效化。

工程监理要真正提供优质高效的管理服务，除了要切实提高计量计价业务水平外，还需要重视提高对合同计价体系的认识和工程财务管理水平的提高。

我们认真对监理人员进行合同计价体系和工程财务管理知识的培训和学习，树立起“通过招标投标确定合同价款，依据施工合同进行工程结算”的思想观念，把握“计划是依据”的重要性，认真执行工程资金使用计划，使监理工程师的全面计划管理能力得到升级，有效促进了公司的进一步发展。

目前我们公司依法已同时具有设计、工程监理、工程造价咨询、招标代理等多项资质，为了适应建筑市场的快速发展，我们还将积极探索和大力推行在同一个建设项目上提供全面的更深层次的高效而又优质的专业服务，夯实基础，苦练内功，加速培养、吸收储备和优化适用的专业人才队伍，建立专业人才库，在项目实施组织管理、合同管理、造价管理、设计管理等能力上的提升，尽快适应企业转型升级的要求，全面提升自己的业务范围和工程项目管理服务水平，真正实现工程监理企业的转型升级。

二、强化人才重培养，努力提升企业核心竞争力

人才是企业竞争的主要力量，企业要保持可持续发展和提升核心竞争力，就必须培养人才。我们在打造和培养优秀队伍过程中：

一是把好员工入场关，为造就合格、优秀人才打下基础。我们积极引进专业对口、综合素质好、可塑性强的大学生，按照市场情况适当提高应届毕业生的工资标准，尤其是提高应届本科毕业生的工资标准，拉大本科与专科工资标准的差距。在3个月试用期后，根据主管意见、日常工作表现、平时考核确定其考核结果。在1年后的竞聘上岗前，根据主管意见、日常工作表现、平时考核、考试成绩及答辩成绩确定其余人员的考核，奖优罚懒。淘汰不合格人员，保留优秀人员。由于我们重视人才的引进和有效使用，激发了企业员工的普遍创新热情。

二是组织监理人员的岗位培训，努力提高监

理队伍的整体素质。培训人才是长久之计，面对新结构技术、工艺材料、新的管理理念不断涌现，我们有计划培训学习，不断提高业务能力，提高整体素质。由于人员水平的参差不齐，我们在客观公正的评价服务质量的基础上，采取正确的激励和分配机制，不断激发了员工的工作积极性，最大限度地发挥了员工的潜能。

三是改善人才结构，提高人才质量。我们通过考培结合，引教并举的方法，不断改善人才的结构，全面提高了员工综合素质和科学化的工作水平，目前，公司人员的结构合理，胜任各项工作任务。我们还根据人才的优势互补，人尽其用、扬长避短，在各专业培训一批学科带头人，树立工作的技术管理权威，不断拓宽公司的服务范围，进行多种经营，为公司的生存与发展寻求新的支持点。我们还加强了对总监理工程师、项目负责人的培养，明确了总监理工程师的硬件招标标准，并根据专业不同，经验不同，分出等级，有效地整合资源，实现了对总监理工程师等主管们的有效管理。

四是建立学习制度，强化员工的学习。为了督促总监等业务主管对应届毕业生的监理工作进行认真指导，我们有效地开展了“拜师学艺”活动，采取签订师徒合同、划定学习内容、列出考试计划、定期考试、谁带的员工谁使用的原则（原则上3年内不做调整，对于跟随总监5年以上的人员必须进行调换）、奖励优秀师徒等措施，达到“传、帮、带”的目的。我们还采取每月出题、每季考试，冬季培训、春季考试，知识抢答、讲课比赛，编写案例、交流经验，网上答题、注册考试，组织晨会、学习“三新”等学习方法，积极营造学习氛围，为员工的成长进步提供了有效的学习平台，员工通过学习平台，学到了书本学不到的知识，丰富了实际工作的经验，提高了实际工作能力。

三、主营业务同发展，代建监理相得益彰共提高

公司积极拓宽项目代建业务，于2008年成立项目代建部，与工程监理业务相得益彰，代建业务量从小到大，实现了项目管理的专业化、规范化，也实现了与工程监理业务共同发展。

一是了解各方需求，做好有效沟通。由于工程项目的复杂性和庞大性，工程建设不仅与项目代建单位及项目投资单位有关，更多的会涉及政府各职能部门、设计单位、监理单位、施工单位等，因此，公司根据项目特点，识别项目相关人员的需求与期望，找出项目各方的核心沟通对象，进行重点的有效沟通。同时要求代建人员在了解各方对项目的建设意图、功能需求的同时，把握建设标准，在项目的前期可研、方案确定、施工图纸设计及项目实施过程中做到有效控制，避免重复工作。公司还通过建立项目工作QQ群、微信群及短信、电子邮件等方式与项目各方进行有效沟通，及时向项目各相关方汇报招标公告发布、招标报名结果、中标结果、工程重大节点等，建立起畅通的沟通渠道，为代建工作打牢了基础。

二是编制《项目代建管理规划》，提前做好管理规划。在代建项目管理过程中，我们及时确定工程项目主管，并根据项目特点和同类工程的前期开发工作、招投标（确定设计、监理、施工单位）、合同管理、进度造价质量控制、竣工验收等经验编制《项目代建管理规划》，做好投资、质量、进度三大目标控制及组织协调工作。科学的规划和管理，提高了公司的代建水平，也赢得了业主的肯定，扩大了业务量。

三是建立健全完善的工作流程和规章制度。我们建立健全了代建工作的各项工作流程及规章制度。如每周召开代建例会的会议制度；协调解决工程建设过程中出现的问题的协调会制度；及时向业主报送代建工作的报告制度；定期组织安全生产大检查的检查制度；每月编制安全生产简报制度；向业主提供设计、投资、建设各阶段的咨询信息和合理化建议的汇报制度等，提高了代建工作的质量。

四是利用工作优势，实现资源共享，对代建项目进行全过程全方位管理。公司目前的咨询业务涵盖工程监理、造价咨询、招标代理、设计、

工程咨询、代建等，形成了相对完整的产业链，在长期的项目咨询工作中积累了一整套成功经验，包括前期可研、招投标（确定设计、监理、施工单位）、合同管理、进度、质量控制、造价管理、竣工验交等经验。我们有效地利用这些优势和经验，与代建工作实现了资源共享，使这些优势和经验直接应用于代建项目中，对代建项目实现了全过程、全方位的管理，使代建工作得到稳步推进、持续发展。

以上，我们只就工程监理和代建工作的创建发展谈了一些自己的做法，我们公司还在造价咨询、招标代理、建筑设计、工程咨询等业务方面做了大量的探索和创新，积累了一定的工作经验，取得了较好的业绩，这里就不一一列举。

中小型监理企业的创新发展，是个老课题，但在新的历史条件下，市场经验又给这个老课题带来了新的问题、新的考验，我们公司成立时间还不长，工程监理工作的经验还不丰富，对监理工作的研究、探索和创新还不够，非常需要向各位同行学习。我们愿与各监理同行一起，迎接新的挑战，创新监理企业的发展模式，共享发展的成果，为祖国的建设事业做出应有的贡献。

四、健全机制铸诚信，努力打造诚信监理企业

诚信是市场经济条件下企业的通行证，是企业生存发展的保证，是企业参与市场竞争的有力武器，也是企业自我创造、建立、形成的强大的无形资产。我们在建设诚信力企业过程中：

一是守法经营，自觉维护诚信监理市场和建立企业自身良性发展机制。要把监理行业引入良性发展的轨道，除国家相关主管部门必须首先规范监理市场外，监理行业本身也要努力建立良性的企业自身发展机制。我们讲，企业守法才能自强。公司建立了诚信机制，在法律的框架内对企业进行诚信积累和诚信档案建设，为整个行业提供一个诚信的竞争环境。在建立企业诚信机制的同时建立了监理行业个人的诚信机制，减少了不良分子对监理行业的损害。由于我们建立了良好的行业诚信机制，公司为行业的发展节约更多的边界成本，更为行业的发展提供一个良性的行业循环系统，还监理行业一个相对稳定、健康的市场环境，努力建立健全建筑市场的各项法律法规，努力把监理行业，乃至整个建筑行业引入良性发展的轨道。

二是进行资源整合和拓展，建立企业的品牌化战略，打造卓越的企业品牌。我们以打造“天麒”品牌为抓手，努力扩大了业务范围，对工程实行全面的介入决策、设计、施工以及全面项目管理各个阶段，并通过收购等方法，整合了行业内的资源，产生规模效应，实现了全面的项目管理，提升了公司的专业化水平。2014年，我们公司“天麒”商标被新疆维吾尔自治区认证为“新疆著名商标”。

三是积极纳税，创建A级纳税企业。税收是我国财政收入的主要来源，是国家各项活动和公共事业的重要资金支柱。身为企业家，更应该从自身做起，立足自己岗位，依法诚信纳税，来共同促进履行企业的责任，进一步树立良好的社会形象，提升企业的信用等级水平，为促进国家税收事业发展，构建社会主义和谐社会作出自己应有的贡献。多年以来，在做强做大企业的同时，每年上缴国家的“真金白银”越来越多，公司已经连续六年被新疆维吾尔自治区评为A级诚信纳税单位。

《中国建设监理与咨询》协办单位

 北京市建设监理协会 会长：李伟	 中国铁道工程建设协会 副秘书长兼监理委员会主任：肖上潘	 京兴国际工程管理有限公司 执行董事兼总经理：李明安	 北京兴电国际工程管理有限公司 董事长兼总经理：张铁明
 北京五环国际工程管理有限公司 总经理：黄慧	 中船重工海鑫工程监理（北京）有限公司 总经理：栾继强	 中国电建 POWERCHINA 咨询北京有限公司 BEIJING CONSULTING CORPORATION LIMITED 中国水利水电建设工程咨询北京有限公司 总经理：孙晓博	 鑫诚建设监理咨询有限公司 董事长：严弟勇　总经理：张国明
 北京赛瑞斯国际工程咨询有限公司 董事长：路戈	 北京希达建设监理有限责任公司 总经理：黄强	 秦皇岛市广德监理有限公司 董事长：邵永民	 山西省建设监理协会 会长：唐桂莲
 山西省建设监理有限公司 董事长：田哲远	 山西煤炭建设监理咨询公司 总经理：陈怀耀	 山西和祥建通工程项目管理有限公司 执行董事：史鹏飞	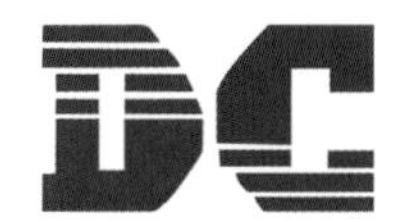 太原理工大成工程有限公司 董事长：周晋华
 山西省煤炭建设监理有限公司 总经理：苏锁成	 山西震益工程建设监理有限公司 总经理：黄官狮	 山西神剑建设监理有限公司 董事长：林群	 山西共达建设项目管理有限公司 总经理：王京民
 晋中市正元建设监理有限公司 执行董事兼总经理：李志涌	 运城市金苑工程监理有限公司 董事长：卢尚武	山西协诚建设工程项目管理有限公司 董事长：高保庆	 沈阳市工程监理咨询有限公司 董事长：王光友
 上海建科工程咨询有限公司 总经理：何锡兴	 上海振华工程咨询有限公司 总经理：沈煜琦	 江苏省建设监理协会 秘书长：朱丰林	 江苏誉达工程项目管理有限公司 董事长：李泉
 连云港市建设监理有限公司 董事长兼总经理：谢永庆	 江苏赛华建设监理有限公司 董事长：王成武	浙江省建设工程监理管理协会 副会长兼秘书长：章钟	 浙江江南工程管理股份有限公司 董事长总经理：李建军
 浙江五洲工程项目管理有限公司 董事长：蒋廷令	安徽省建设监理协会 会长：盛大全	 合肥工大建设监理有限责任公司 总经理：王章虎	 安徽省建设监理有限公司 董事长兼总经理：陈磊

《中国建设监理与咨询》协办单位

厦门海投建设监理咨询有限公司 法人：陈仲超	萍乡市同济工程咨询监理有限公司	郑州中兴工程监理有限公司 执行董事兼总经理：李振文	中汽智达（洛阳）建设监理有限公司 董事长：刘耀民
河南建达工程建设监理公司 总经理：蒋晓东	郑州基业工程监理有限公司 董事长：潘彬	武汉华胜工程建设科技有限公司 董事长：汪成庆	长沙华星建设监理有限公司 总经理：胡志荣
中国水利水电建设工程咨询中南有限公司 法人代表：朱小飞	深圳市监理工程师协会 副会长兼秘书长：冯际平	广州宏达工程顾问有限公司 公司负责人：罗伟峰	广东国信工程监理有限公司 董事长：李文
深圳大尚网络技术有限公司 总经理：乐铁毅	深圳科宇工程顾问有限公司 董事长：王苏夏	广东工程建设监理有限公司 总经理：毕德峰	广东华工工程建设监理有限公司 总经理：刘安石
重庆林鸥监理咨询有限公司 总经理：肖波	重庆赛迪工程咨询有限公司 总经理：冉鹏	重庆联盛建设项目管理有限公司 董事长兼总经理：雷开贵	重庆华兴工程咨询有限公司 董事长：胡明健
四川二滩国际工程咨询有限责任公司 董事长：赵雄飞	贵州建工监理咨询有限公司 总经理：张勤	中国电建集团贵阳勘测设计研究院有限公司 总经理：潘继录	云南省建设监理协会 秘书长：徐世珍
云南新迪建设咨询监理有限公司 董事长兼总经理：杨丽	永明项目管理有限公司 总经理：张平	西安高新建设监理有限责任公司 董事长兼总经理：范中东	西安铁一院工程咨询监理有限责任公司 总经理：杨南辉
西安普迈项目管理有限公司 董事长：王斌	西安四方建设监理有限责任公司 董事长：史勇忠	新疆昆仑工程监理有限责任公司 总经理：曹志勇	新疆天麒工程项目管理咨询有限责任公司 董事长：吕天军
重庆正信建设监理有限公司 董事长：程辉汉	河南省建设监理协会 常务副会长：赵艳华	北京中企建发监理咨询有限公司 总经理：王列平	云南国开建设监理咨询有限公司 执行董事兼总经理：张葆华
华春建设工程项目管理有限责任公司 董事长：程辉汉			

浙江省建设工程监理管理协会

省建筑业管理局副局长、浙江省建设工程监理管理协会第三届理事会会长叶军献

浙江省建设工程监理管理协会即原浙江省建设监理协会，成立于2004年12月。2014年4月，经协会第三届会员大会通过决议，协会由行业协会转变为专业协会，同时更改为现名称。

协会宗旨是：遵守社会道德风尚，遵守法律、法规和国家有关方针政策，以坚持为全省建设监理事业发展服务为宗旨，维护会员的合法权益，引导会员遵循“守法、诚信、公正、科学”的职业准则，沟通会员与政府、社会的联系，发展和繁荣我省建设工程监理事业。

目前，协会共有会员单位394家，会员中监理企业占90%以上。监理范围涉及房屋建筑、市政工程、交通、水利等十多个专业，基本覆盖了我省建设工程的各个领域。另外，协会还有大专院校、科研单位、标准化管理机构以及建设工程质量（安全）监督机构等各类会员单位33家。

近年来，在广大会员单位的支持和帮助下，秘书处始终以协会宗旨为指引，认真贯彻上级指示，严格执行规章制度，大力发展会员，尽力做好服务，增强了协会凝聚力和号召力。协会在推动全体会员单位适应市场竞争、提升服务能力、开展技术协作与交流等方面做了大量工作，取得显著的成效。协会将一如既往地本着提供服务、反映诉求、规范行为的原则，热情为广大会员单位服务，积极工作，努力为广大会员单位的发展作出贡献。

浙江省建设工程监理管理协会第三届会员大会和三届一次理事会

协会副会长、秘书长章钟在监理工程项目部调研工程质量

协会与社区结对扶贫帮困，定时上门慰问

协办中国建设监理协会贯彻落实工程质量治理两年行动方案暨建设监理企业创新发展经验交流会

WANG TAT

广东宏达建投控股集团

GUANGDONG WANGTAT CONSTRUCTION AND INVESTMENT HOLDING GROUP

广东宏达建投控股集团是一家拥有强大国际化技术背景、践行先进管理理念的综合性集团企业，以建设行业的业务为重点，集建设投融资服务、工程建设管理以及实业投资几方面业务于一体，业务覆盖以珠三角为核心的全国地区，并发展至东南亚、南亚等热点地区。旗下拥有多家子公司——广州宏达工程顾问有限公司、广州市宏正工程造价咨询有限公司、广州宏一投资策划咨询有限公司、广州崎和绿建环境技术有限公司、广东宏盛智泊科技有限公司、广州市韶港置业有限公司，并有多家参股公司：广东天健融资租赁公司、广州茂商小额贷款股份有限公司、广东万讯网农业股份有限公司、广州华弘投资有限公司等。集团董事长黄沃是中国工程咨询协会副会长、广东省工程咨询协会副会长、广东省工程咨询协会项目管理委员会主任、广东省地产商会副会长。

广东宏达建投控股集团于2013年创办宏达进修学院，有计划、系统地总结、提炼自身丰富的项目经验，提供立体多元的培训与晋升体系，为集团及各子公司打造高质人力资源平台。执行董事兼院长是中国首批FIDIC（国际咨询工程师联合会）培训师，学院拥有涵盖建设领域的工程建设体系专家。学院与华南理工大学、广东工业大学等一流高等院校达成深度合作，在建设投融资创新服务、BIM、绿色建筑、节能、环境工程等领域展开相关新技术研究与应用，进一步提升企业实力。

宏达建投集团核心业务

- 区域发展咨询服务——产业规划、城市规划、城市运营

把握国家及地区发展政策与城市规划的基调和脉络，注重本土特色与国际视野结合，横跨多个专业，贯穿宏观、中观、微观，体现产业规划与城市规划、政府管理职能的协调，具有实战性、前瞻性，已为珠海横琴、广州南沙、佛山新城等重要区域提供服务，助力区域发展。

- 建设投融资——投资策划、PPP应用

拥有一流的投资策划公司和PPP投融资创新研究应用平台，为地方政府及社会各界提供全方位的投融资解决方案。为基础设施建设和项目招商引资提供投融资策划与论证、引进对接投融资方、对接优势项目，牵头联合社会资金、产业资本和投资基金进行直接投资。

- 工程建设管理服务——OAC建设全产业链服务

以工程总承包管理EPCM、设计咨询&BIM、全过程项目管理PMC、工程管理服务CM、成本合同管理QS、建设监理CSM等为主，服务的项目类型涵盖固定资产投资的众多领域，技术管理规范，业务体系完善，服务机制高效，国内前沿、国际一流。

宏达建投集团董事长 黄沃先生

宏达建投总部大厦

董事长黄沃接受国际咨询工程师联合会FIDIC（菲迪克）百年重大建筑项目杰出奖

广东科学中心

广州新鸿基天环广场

广州万达旅游文化城

南丰朗豪酒店

天津于家堡金融区

DC 太原理工大成工程有限公司

太原理工大成工程有限公司成立于2009年，隶属于全国211重点院校——太原理工大学，是山西太原理工资产经营管理有限公司全额独资企业。其前身是1991成立的太原工业大学建设监理公司，1997年更名为太原理工大学建设监理公司，2010~2012年改制合并更名为太原理工大成工程有限公司。

公司是以工程设计及工程总承包为主的工程公司，具有化工石化医药行业工程设计乙级资质，可从事资质证书许可范围内相应的工程设计、工程总承包业务以及项目管理和相关的技术与管理服务。

公司具有住建部房屋建筑工程、冶炼工程、化工石油工程、电力工程、市政公用工程、机电安装工程甲级监理资质，国土资源部地质灾害治理工程甲级监理资质，可以开展相应类别建设工程监理、项目管理及技术咨询等业务。

公司所属岩土工程公司具有国家工程勘察专业类岩土工程甲级、劳务类，水文地质乙级、工程测量乙级资质，建筑业企业地基与基础工程专业承包资质，国土资源部地质灾害治理施工甲级、设计乙级及勘察、评估资质。所属通信工程公司具有国家工信部通信工程甲级监理资质及信息工程监理资质。

公司以全国“211工程”院校太原理工大学为依托，拥有自己的知识产权，具有专业齐全，科技人才荟萃，装备试验检测实力雄厚，在工程领域具有丰富的实践经验，可为顾客提供满意的服务、创造满意的工程。

公司现有国家注册监理工程师116人，国家注册造价工程师12人，国家注册一级建造师15人，国家注册一级建筑师1人，国家注册一级结构师2人，注册土木工程师（岩土）1人，注册化工工程师10人，国家注册工程咨询师7人，山西省注册监理工程师254人。

公司成立二十余年来，承接工程业务1200余项，控制投资700多亿元，对所承建的工程项目严格遵照质量方针和目标的要求进行质量控制，工程合格率达100%，荣获建设工程鲁班奖2项，国家优质工程奖1项，全国建筑工程装饰奖1项，全国市政金杯示范工程1项，山西省汾水杯工程建设奖20项，山西省太行杯土木工程奖7项，山西省优质工程36项，市级优质工程数十项，创造了“太工监理”、“太工大成”的知名品牌。

公司建立了完善的局域网络系统，配置网络服务器1台，交换机6台，设置50余信息点，配置有PKPM、SW6、Pvcad、Autocad、天正、广联达等专业设计、预算软件及管理软件。配置有打印机、复印机、速印机、全站仪、经纬仪、水准仪等一批先进仪器设备。

公司于2000年通过了GB/T19001 idt ISO9001质量管理体系认证。在实施ISO9001质量管理体系标准的基础上，公司积极贯彻ISO14001环境管理体系标准和GB/T28001职业健康安全管理体系标准，建立、实施、保持和持续改进质量、环境、职业健康安全一体化管理体系。

公司奉行“业主至上，信誉第一，认真严谨，信守合同”的经营宗旨，“严谨、务实、团结、创新”的企业精神，“创建经营型、学习型、家园型企业，实现员工和企业共同进步、共同发展”的发展理念，“以人为本、规范管理、开拓创新、合作共赢”的管理理念，竭诚为顾客服务，让满意的员工创造满意的产品，为社会的稳定和可持续发展作出积极的贡献。

地　址：山西省太原市万柏林区迎泽西大街79号
邮　编：030024
电　话：0351-6010640 0351-6018737
传　真：0351-6010640-800
网　址：www.tylgdc.com
E-mail：tylgdc@163.com

并州饭店维修改造工程（中国建设工程鲁班奖）

汾河景区南延伸段工程

山西省博物馆（中国建设工程鲁班奖）

省委应急指挥中心暨公共设施配套服务项目（全国建筑工程装饰奖）

天脊煤化工集团有限公司25万t年硝酸铵钙项目（化学工程优质工程奖）

太原理工大学明向校区

背景：大同市中医医院（国家优质工程奖）

延长石油大厦（国家优质工程奖）

西安海悦广场（超高层项目）

广东梅州万达广场

西安市第一人民医院

重庆联盛建设项目管理有限公司

重庆联盛建设项目管理有限公司（原重庆长安建设监理）成立于1994年7月。目前公司拥有工程监理综合资质、工程造价咨询甲级、工程招标代理甲级、设备监理甲级、工程咨询甲级等众多资质，同时还拥有甲级建筑设计公司（全资子公司）。公司为中国建设监理协副会长单位、重庆市建设监理协会会长单位。

2014年8月，公司得到住房与城乡建设部《关于全国工程质量管理优秀企业的通报》表扬（建质[2014]127号文，全国仅5家监理企业获此殊荣）。2012年，公司同时获得了“全国先进监理企业”、“全国工程造价咨询行业先进单位会员”和“全国招标代理机构诚信创优5A等级”。公司的监理收入在全国建设监理行业排名中，连续九年进入全国前100名。所承接的项目荣获“中国建筑工程鲁班奖”、“中国安装工程优质奖”、“中国钢结构金奖”、“国家优质工程银质奖”等国家及省部级奖项累计达300余项。

公司除监理业务以外，还大力拓展工程项目管理、工程招标代理、工程造价咨询、工程咨询、工程材料检测、建筑设计等市场领域。公司以设计、监理团队为技术支撑，以造价咨询、招标代理、工程咨询团队为投资控制指导，以检测设备配备精良的检测试验室为辅助，熟练运用国际项目管理的方法与工具，对项目进行全过程、全方位、系统综合管理，按照国家规范及企业标准严格履行职责，在工程建设项目管理领域形成了公司的优势与特色，实现了市场占有率、社会信誉以及综合实力的快速、稳健发展。

重庆巴士股份有限公司总部大厦（设计、项目管理、监理、招标、造价一体化）

朝天门国际商贸城（项目管理）

崇州市人民医院及妇幼保健院－重庆市对口支援四川崇州灾后恢复重建项目（项目管理、监理、招标、造价一体化）

中国汽车工程研究院汽车技术研发与测试基地建设项目（项目管理、监理、招标、造价一体化）

龙湖春森彼岸（监理）

长安福特杭州工厂项目（监理）